经典别墅实用设计【CAD】图集

别·墅·室·内·设·计

理想·宅

编

U0214545

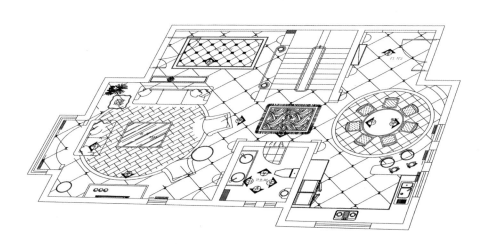

海峡出版发行集团　福建科学技术出版社
THE STRAITS PUBLISHING & DISTRIBUTING GROUP　FUJIAN SCIENCE & TECHNOLOGY PUBLISHING HOUSE

案例一　法式乡村

项目面积：102m²

设计师：王凤波

设计说明：有人热爱山林的平和，有人向往湖边的优雅，有人陶醉于院落的亲切，有人迷恋繁华便利的都市。都市里没有真正的田园，设计师所能给予的只是一种田园般的生活感受和家居氛围。设计师在一层次卧的墙壁上，创意地使用了大面积的类似护墙板的壁纸，航海主题的壁纸与蓝色基调搭配在一起，形成了非常清朗的室内氛围。白色擦漆的小楼梯连接着公寓式住宅的一、二层，精巧而不失大气。二层的主卧更体现出田园感觉，孔雀花纹的壁纸加上精致的小鸟吊灯，让空间充满宁静而舒适的气氛。在卧室旁边的更衣间，是设计师唯一用色彩营造出的一抹亮色。

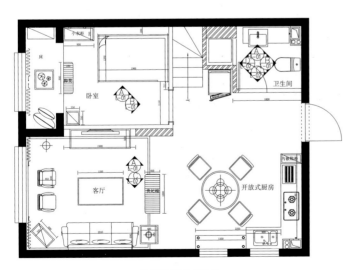

一层平面布置图

1　二层阅读区（一）
2　二层阅读区（二）
3　一层楼梯间
4　二层主卧室
5　二层卧室
6　一层卫生间
7　一层餐厅、客厅

案例二　时尚新中式

项目面积：400m²

设计师：巫小伟

设计说明：设计师将本案的风格定义为新中式，用大理石、地板、壁纸、玻璃等主材来塑造，色彩以灰白为主。设计师将地下室设计成休闲室，业主可在休闲室放置投影及吧台等，供平时休息娱乐时使用。一楼餐厅与大厅的非承重墙已在之前的施工中被敲掉，设计师在原有墙体的部分运用了钢化玻璃隔断，以让餐厅与客厅间形成一个隔而未断的效果。该隔断可以 180° 旋转。两边采用钢化玻璃固定，中间使用雪弗板制作出中国古典园林窗花图样，让原本偏硬朗的现代装饰风格融入一些柔美的元素。设计师对原有的天井进行了再次规划，在现有的空间基础上搭建了两条观景走廊，让房子的整体风格在视觉上更加丰富，也更加功能化。

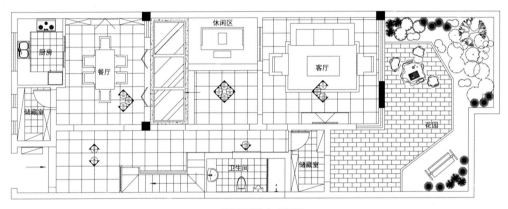

一层平面布置图

1、3 一层休闲区
2 一层客厅
4 一层餐厅
5 三层主卧室
6 负一层楼梯间
7 一层楼梯间

案例三　繁秋

项目面积：530m²

设计师：刘卫军

设计说明：以新中式风格与现代手法为思维主线，配合中式的禅意意境，使本案在文化气质上热情奔放又不失心灵的归宿感。空间装饰相对采用简洁、硬朗的直线条，选择具有典型红色的家具与造型装饰，搭配中式风格来使用。直线装饰在空间中的使用，不仅反映出现代人追求简单生活的居住要求，更迎合了中式家具追求内敛、质朴的设计风格，使新中式更加实用，更富现代感。丰富的装饰细节是传统中式的升华，其中饰品可以体现主人品位，丰富空间的文化底蕴，这点在新中式上同样有所继承和体现。会客厅沙发背景的中国古代服饰以艺术挂件的形式呈现，彰显主人的文化素养与欣赏水平，搭配白色大理石使高贵有一个新的升华。硬朗的金属条与朴素的木饰面，动与静、刚与柔的完美演绎。

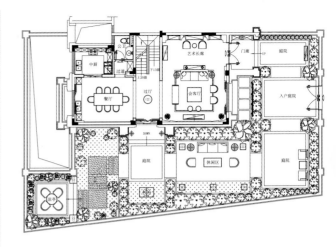

一层平面布置图

1 一层艺术长廊
2 一层餐厅
3 一层会客厅
4 三层主卧室一
5 负一层生活艺术馆
6 二层卧室
7 三层主卧室二

案例四　原香溪谷

项目面积：360m²

设计师：成象设计

设计说明：整体空间以清新的风格为主，空间颜色以白色与蓝色为基调，使整个空间清新优雅而舒适。绕过玄关可以看到整个餐厅，一览无余的热情通过餐桌中间绽放的花朵和湖蓝色的花瓶展现得淋漓尽致。客厅的设计着重突出客厅的礼仪感，客厅与书房同在一个空间中，让书房视野更开阔，坐东向西的书桌配合着开阔的空间。主卧空间开阔，舒适度极好，软装搭配以蓝绿色为主，高贵典雅。女孩房以拉拉队长为主题，球、运动服、拉拉球花……一看便知道主人是一个活泼开朗又热情的女孩子。地下层是家人起居活动的区域，一家人在一起开家庭会议、看电影、聊天等。这里有酒吧台，也可以在这里品红酒，安静地沉思或看书都是不错的。

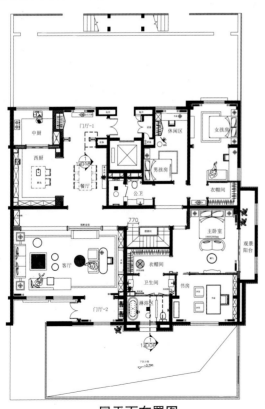

一层平面布置图

1、2 一层客厅
3 一层餐厅
4 一层男孩房
5 负一层起居室
6 一层主卧室
7 一层书房

案例五　奢华贵气

项目面积：405m²

设计师：巫小伟

设计说明：本案将装饰艺术派风格和后古典主义完美融合在一起，演绎出欧式风格的奢华贵气。整体三层空间均以米黄色为基调，搭配欧式纹理运用在墙面上，同时组合大量白色用在顶面和部分墙面，充分展现欧式配色特点。为了避免单调，楼梯和部分地面则使用暗红色系的地板，运用色彩的融合对比及材质的纹理来强调风格的精致感和华丽感。客厅很高，但在设计师适度光线的引导下不仅不显空旷反而具有极强的流动性。搭配具有新古典风格的精致造型家具，彰显高贵气质的设计，营造出现代奢华之空间效果。

一层平面布置图

1　一层餐厅
2　一层走道
3、6　一层客厅
4　二层主卧室
5　二层主卫
7　二层走道

案例六　韵意

项目面积：180m²

设计师：巫小伟

设计说明：几近原材本色的墙面、地面设计，都是为了彰显留白空间里的特别用心。空间以简约的现代处理手法，点、线、面流畅衔接，巧妙地蕴含人文修养，从细节处增添了空间的阅读层次。空间设计就像一本书，不同的空间会有不同的内容。每个空间都应该体现出使用者的文化与精神，能够找到和设计师理念相近的客户，对于设计师而言无疑是种幸运。简约拒绝雷同，灵感带出变化，删繁就简或是标新立异，在这间位于闹市的顶层公寓，处处充满着这样的反差与和谐共存的"对话"。最前卫的灯具，最东方的表情，在这个完美的戏台上将上演一出文化碰撞的好戏。

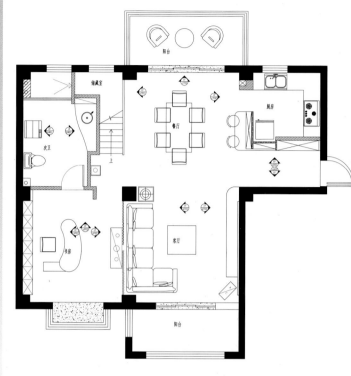

一层平面布置图

1 一层楼梯间
2 一层书房
3、4 一层餐厅
5 一层客厅
6 二层主卫
7 二层主卧室

案例七　图兰朵的春天

项目面积：371m^2

设计师：沈烤华

设计说明：本案设计师从业主的需求出发进行整体案例的设计，功能分区充分满足业主家人的需求，使业主的生活幸福指数提高，空间适度留白，整洁而大气。布局上展现法式风格的特点，突出轴线对称，营造出恢宏的气势以及豪华舒适的居住空间。选材上，坚持环保、实用的原则，以乳胶漆、壁纸、石材和实木为主，而后搭配色彩以褐色系为主的软装，再点缀少量亮色，通过石材的朴实、实木的温润、软装的明艳，平衡地营造出以人为本的居住空间。

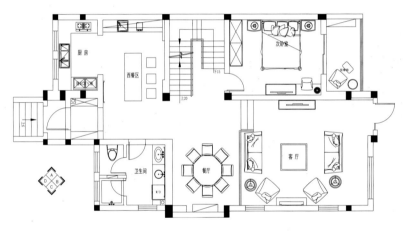

一层平面布置图

1、2　一层客厅

3　二层女儿房

4　二层主卧套房

5　一层餐厅

6　一层卫生间

7　二层楼梯间

案例八　映像古滇

项目面积：750m²

设计师：奥迅设计

设计说明：设计师在现代别墅空间的设计中融入深邃悠长的中国文化底蕴，以现代设计与东方陈设的手法展现出云南的艺术与文化精神，打造了一个现在与过去的时空交错空间。主材选择木料、壁纸和石材，配以中式传统和现代几何形体结合的图案，来展现古典与现代的交错。同时多处运用了具有古韵的云南文化符号装饰，例如玄关处的装饰画、大门正前方的乌铜走银宝鼎、客厅中的巨幅木雕等，并搭配浓郁的中式花鸟刺绣丝绸靠枕、瓷盘等小件软装，它们都在讲述那青铜时代的盛世繁荣与后工业文明的生活常态，形成了强烈的古今对比。

1　二层主人睡房
2　二层浴室三
3　负一层中式书房
4　一层餐厅
5　二层睡房三
6　一层客厅
7　一层玄关

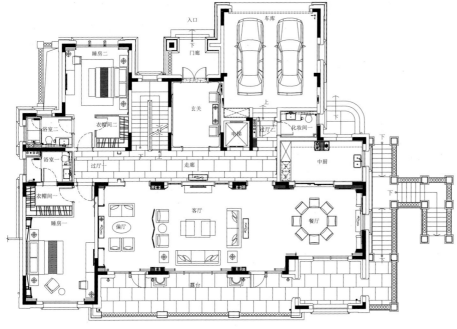

一层平面布置图

案例九　唯美大气

项目面积：510m²

设计师：由伟壮

设计说明：本案的设计从简单到繁杂、从整体到局部都精雕细琢。设计师完美地把握了居住环境的功能性，同时又从风格上展现出主人的魅力。墙面材料以白色乳胶漆为主，背景墙部分为了突出重点都使用石材，但仍以白色为主。卧室则适量地加入壁纸，整体色彩组合明亮、大方，具有宽敞、通透的效果。整体造型非常简约，为了避免单调，地面做了一些拼花设计。而软装方面，无论是家具还是配饰均显现优雅、唯美，整个空间给人以开放、宽容的非凡气度。

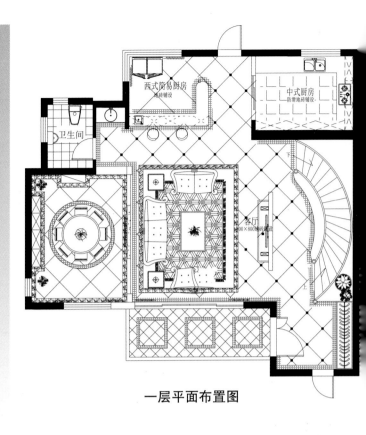

一层平面布置图

1、3 一层客厅
2 一层餐厅
4 二层主卧室
5 负一层娱乐室
6 三层主卧卫生间
7 一层走廊

案例十　品味中式

项目面积：180m²

设计师：徐树仁

设计说明：本案以简约中式风格为设计主线，脱离了传统中式的繁琐，少了中式的沉闷，更多的让人感受到温馨和现代感。设计手法简洁，多采用直线条配以简化后的中式符号，既有中式神韵又不会让人感觉繁琐。空间配色轻松自然，整体以米色和白色为基调，搭配少量木色，温馨且具有层次感。木质材料使用简洁但具有精致感的线条来勾勒，沉稳大方，不奢华，但不失品味，在简单的中式元素运用中体现中国传统文化的魅力。

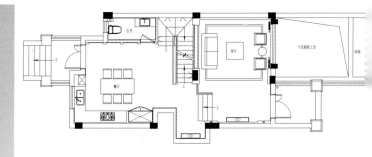

一层平面布置图

1 三层主卧室
2 二层客卫二
3、4、6 一层客厅
5 一层餐厅
7 一层过厅

案例十一　活力美式

项目面积：197m²

设计师：力楚

设计说明：本案虽然是别墅户型，但单层的面积并不大，因此设计师将色彩基调定为蓝与白，且书房和楼梯都用玻璃做隔断，以塑造清新而又宽敞的整体感。一层公共区在蓝白组合的基础上使用了一些褐色的木料，搭配蓝色与黄色为主的美式家具，既具有传统美式的质朴感又具有现代风的活力。作为私密区域的卧室，更多的是以体现居住者的个性为设计原则，因为卧室的面积都比较小，所以舍弃了复杂的造型，而是与公共区呼应，用色彩来塑造层次。家居整体设计给人以充满活力的感觉，展示出了现代美式风格的新颖和现代感。

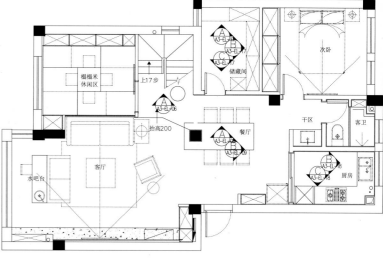

一层平面布置图

1、7　一层客厅
2　一层餐厅
3　一层楼梯间
4　一层榻榻米
5　一层次卧室
6　二层主卧室

案例十二　法式新贵

项目面积：335m²

设计师：郭斌

设计说明：当纯白遇上法式，透露出来的是一份带着清新的奢华美态。法国人流淌着浪漫的血液，法式风格弥漫着复古、自然主义的调调，不禁让人联想起庄园、钢琴、舞会。午后的窗台上的一米阳光加上徐徐而来的阵阵花香，在这钢筋水泥的城市中，一场精致的别墅派对优雅呈现，如此精致又任性。设计师大量地使用白色来装点空间，使其出现在顶面、墙面甚至是家具上，而后搭配黑色、金色、褐色等法式代表色，演绎轻奢法式的时尚感和骨子里的浪漫血统。家具造型和体积都有所简化，仍带有传统法式的神韵，一些精致的造型设计以及鎏金装饰，恰好展现出低调的贵气和高雅的品位。

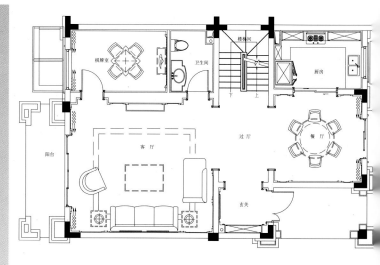

一层平面布置图

1、2　一层客厅
3　一层餐厅
4　三层化妆间
5　二层老人房
6　二层男孩房
7　一层棋牌室

案例十三　情迷欧罗巴

项目面积：400m²

设计师：李建华

设计说明：本案运用的材质和设计造型，多数是将传统美式风格和本身居室所在的地域文化相融合和演变，通过这种独特的风格演变，将大宅得天独厚的气质和品味再次提升。合理规划居室各功能环境，开敞式厨房搭配餐岛，地下室休闲区等，这些符合大宅的功能设施和区域都经过合理划分，符合业主的功能需求和生活品位。根据装修完后期进行软装搭配的效果实景可以看到，大理石柱式、圆拱、清水木梁、铁艺等，这些由硬装造型元素进行串联后的空间，给人以曲径通幽、自由奔放的感受。后期软饰的搭配使得居室风格和氛围变得细腻和温馨，身处宅中，已经能够亲切地感触到美式风格里的那种追求自由和怀旧的氛围。

1、2、3 一层客厅
4 三层主卧室
5 二层子女房
6 一层餐厅
7 二层子女房卫生间

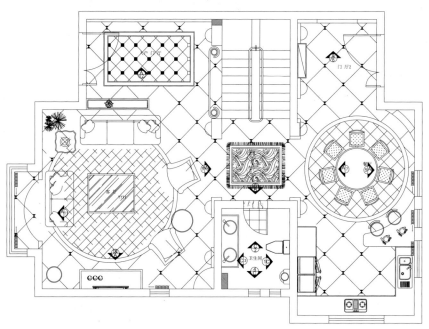

一层平面布置图

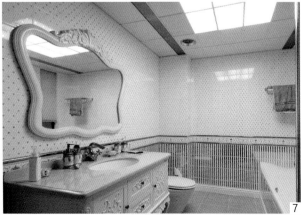

案例十四　追溯华美

项目面积：480m²

设计师：巫小伟

设计说明：本案为一套联排别墅，通过设计师的巧手装扮，仿若欧洲古国的华丽殿堂。整体设计极为奢华，石材地面、穹顶、罗马柱，简单的勾勒尽显大气典雅，奠定了大宅的基调。虽然奢华但设计上却干净利落，通过软装营造出高贵典雅的气氛。在颜色搭配上既通过黑白灰为底色的家具营造优雅高贵的氛围，同时又使用华丽、浓烈的窗帘体现雍容华贵。客厅中古铜色的壁炉更为室内添加了几份凝重与沉淀。餐厅内古典欧式实木餐桌弥漫着浓郁的文化气息，皮质的座椅与餐桌相得益彰。私密区均以金色和银色为基调，配以或白色或深色的家具，加上吊顶、罗马柱、雕花、精致的饰品，无一不展示出欧式风格的优雅。

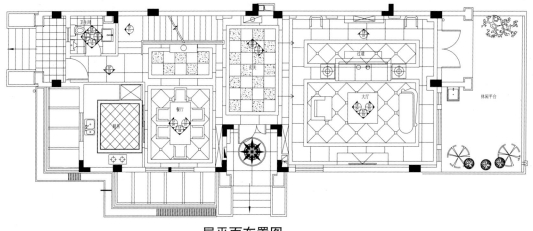

一层平面布置图

1 负一层过道
2 一层餐厅
3 负一层休闲区
4、6 一层客厅
5 二层次卧室书房
7 三层主卧室

案例十五　低调华丽

项目面积：320m²

设计师：由伟壮

设计说明：从奢华到极简，从冲突到协调，低调得不动声色，却在生活细节中体现精致。本案虽没有奢华的"外形"，但却在简约低调的气质和巧妙的搭配中渗透着与众不同。空间整体以经典的黑、白为主色调，而后加入了代表秋季和丰收的金色点缀，勾勒出现今秋冬家居时尚的整体轮廓。造型设计有主有次，将顶面作为了设计重点，墙面适当放松，利落、简洁，充分体现现代风格特点。选材上以石材和玻璃为主，配以多变化的光影组合，突出低调奢华的主题。

1、2、3 一层客厅
4 一层餐厅
5 一层厨房
6 二层卫生间
7 二层儿童房

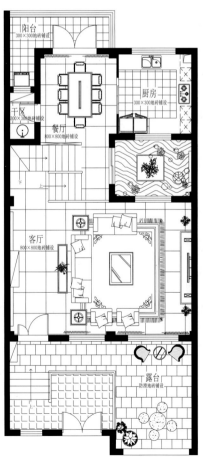

一层平面布置图

案例十六　自由乡村

项目面积：470m^2

设计师：成象设计

设计说明：本案定位为美式乡村风格，其设计充分体现出该风格自由、淳朴的特点。主材以木料为主，包括实木假梁吊顶、实木斜顶、实木地中海样式拱形垭口、实木地板等，搭配自带凹凸感的硅藻泥和一些欧式纹理壁纸，表现出自然而舒适的韵味。配色设计以米色和棕色系为主，怀旧且散发着浓郁泥土芬芳。造型和家具则力求体现美式乡村风格宽大、厚重的特点，非常的自然且舒适，充分显现出乡村的朴实风味。

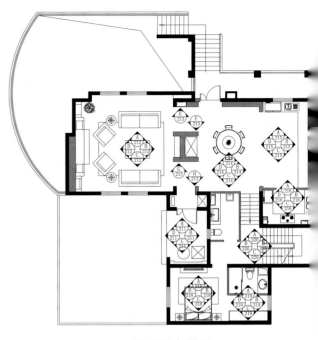

一层平面布置图

1、7　一层客厅
2　一层次卧室
3　二层次卧室
4　一层餐厅
5　负一层影音室
6　二层主卧室

案例十七　荷塘月色

项目面积：250m²

设计师：巫小伟

设计说明：本案设计师运用现代手法把中国传统室内设计的庄重与优雅双重气质很好地体现出来。在餐厅的设计上，设计师在一边的墙和顶上运用荷花元素，一朵亭亭玉立的荷花优雅绽放，墨绿色叶子铺满了整个茶镜，荷花是绽放在顶上的，花瓣鲜艳欲滴，整个背景如同一幅精雕细琢工笔的画，充满了中式元素的典雅。中式元素在整个空间里随处可见，客厅里的镂空花板、电视背景的文化墙、中式移门、镂空楼梯等，无不彰显中式情结。空间里的一些家具却是以现代风格为主的，客厅的组合沙发、房间里的寝具等均体现了现代家居的时尚与轻巧。现代简约的风格和中式风格并存，散发出独特的魅力。

一层平面布置图

1　二层主卧室
2　一层餐厅
3　一层书房
4　二层书房
5　一层父母房
6、7　一层客厅

案例十八　流金岁月

项目面积：500m²

设计师：巫小伟

设计说明：本案设计师根据业主的需求将整体风格定位为黑白新古典风格，并将整体结构进行了调整。原有户型房间太小且少，客厅为挑高户型。通过整合，客厅上部分封死，变成了一个房间，主卧也变成了一个大套房，功能齐全，满足了客户需要。业主需要一个品酒区，因此在客厅的旁边做了一个休闲品酒区，同时两个门洞也很好地把品酒区和客厅连接起来，使整个空间相得益彰。后期的软装部分，设计师也下足了心思，家具、窗帘、壁纸的搭配，加上精美的饰品，每个细节都体现了设计师的细腻，正是这份细腻，把整个空间打造得更加完美。

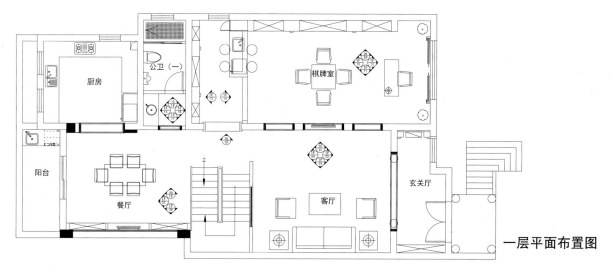

一层平面布置图

1、2　一层客厅
3　二层主卫
4　一层棋牌室
5　二层主卧室
6　一层楼梯间

案例十九　原味托斯卡纳

项目面积：350m²

设计师：陈萍

设计说明：设计师根据业主的需求及整个房子周边的环境，将本案的整体风格定位为简约休闲美式。整套房子都采用仿古砖、墙纸、实木、藤编来体现。客厅、餐厅顶面采用了木质假梁，运用简约手法，保证了原始层高的同时还体现了美式的特点。家居中墙面多采用自然纹理木纹的墙纸，与布艺、皮质及实木家具组合，搭配拼花仿古砖、酒红色的窗帘、精美的铁艺吊灯、简约大方的画，构成了完美的休闲美式之作。

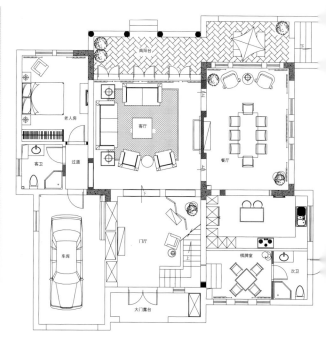

一层平面布置图

1、2 一层客厅
3 一层厨房
4 一层楼梯间
5 二层起居室兼书房
6 二层主卧室
7 一层餐厅

案例二十　怡静

项目面积：400m²

设计师：巫小伟

设计说明：本案整体风格偏向于美式，但是在家具的选购上却又青睐于中式。中式的桌椅、茶几、雕花等，跟美式风格相辅相成，各具千秋，却恰好融为一个和谐的整体。别墅的大宅给设计师提供了游刃有余的发挥空间，而美式风格恰好符合现代人返璞归真的渴望。一层会客区和地下室娱乐休闲区域大量采用实木来雕琢空间，实木的吊顶、拱门、花架、酒柜等，配上铁艺雕花、扶手、灯具等，简洁明快，洗尽铅华。墙壁仅在电视墙、拱门以及一些转角处施以水蓝色和层次不同的灰，显得十分素雅。主人休息区则显得温馨华丽，大片花纹的金色墙纸配上同一色系和风格的窗帘，木质吊顶和框架的点缀，风格上保证统一，却又凸显卧室的迷离舒适。

1、2　一层会客厅

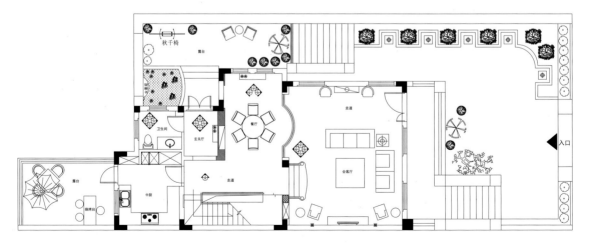

一层平面布置图

前言

　　随着生活水平的提高，人们对居住空间的设计要求也越来越高，尤其是别墅设计对于空间设计要求比较高，细节也相对繁复，更要依赖于专业设计，所以别墅设计近年来也越来越热门。除定制类的别墅外，多数别墅设计重点在室内空间，在进行室内设计时既要体现出别墅独有的华丽和宽敞，同时也要兼顾舒适性，对设计师水平要求较高。为了提高广大室内设计师的审美和设计水平，结合别墅前沿设计理念，我们郑重推出本书，由"理想·宅"组织编写，汇集了多套完整的精品别墅室内设计案例，按不同风格进行划分，均是专业人士从众多作品中反复筛选的成果。

　　书中所有图形文件均与光盘文件一一对应，读者可拷入计算机中浏览阅读，或者当做图块即插即用，不仅可以学习借鉴优秀设计图样的绘制技法，更能开阔眼界和思路，还可避免一些重复的绘图工作，大大提高工作效率和工作质量。对于书中的案例适合什么场合，请读者谨慎推敲，切勿生搬硬套。

　　参与本书编写的人员有：徐武、安平、陈建华、陈宏、蔡志宏、邓毅丰、邓丽娜、黄肖、黄华、何志勇、郝鹏、李卫、林艳云、李广、李锋、李保华、刘团团、李小丽、李四磊、刘杰、刘彦萍、刘伟、刘全、梁越、马元、孙银青、王军、王力宇、王广洋、许静、谢永亮、肖冠军、叶萍、杨柳、于兆山、张志贵、张蕾。

目　录

案例一　法式乡村

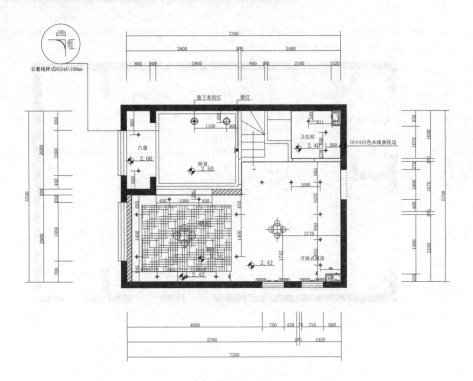

一层顶面布置图

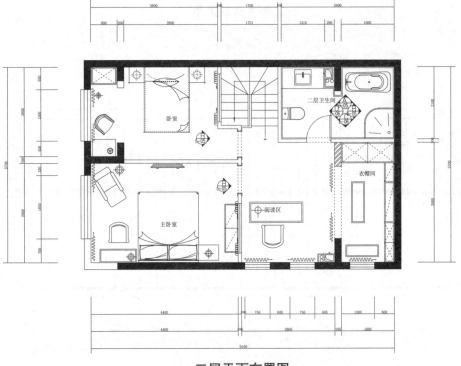

二层平面布置图

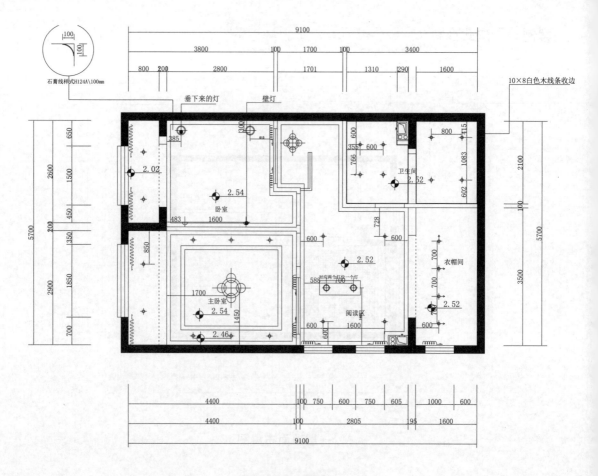

二层顶面布置图

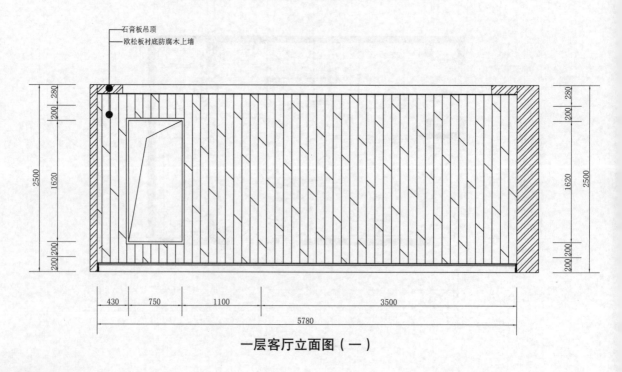

一层客厅立面图（一）

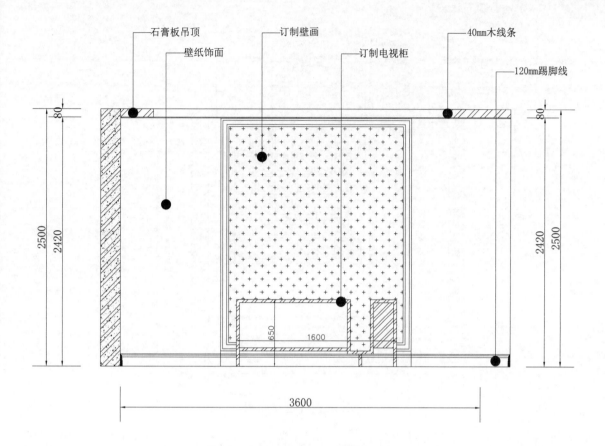

一层客厅立面图（二）

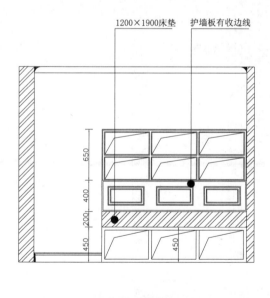

一层卧室立面图（一）

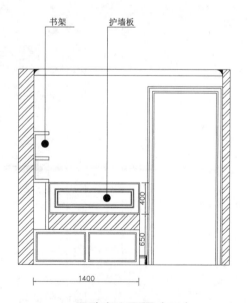

一层卧室立面图（二）

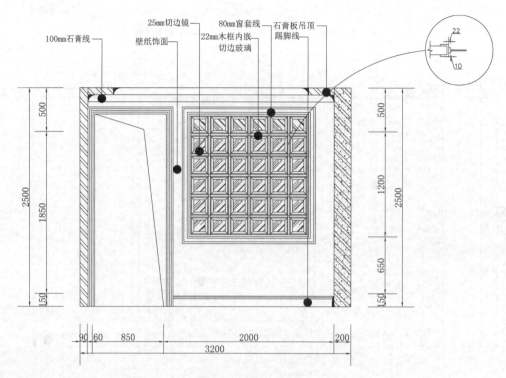

二层主卧室立面图

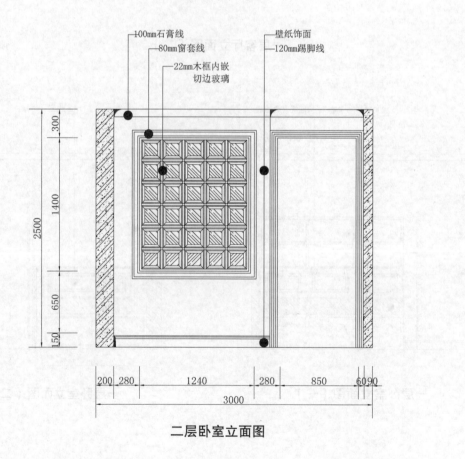

二层卧室立面图

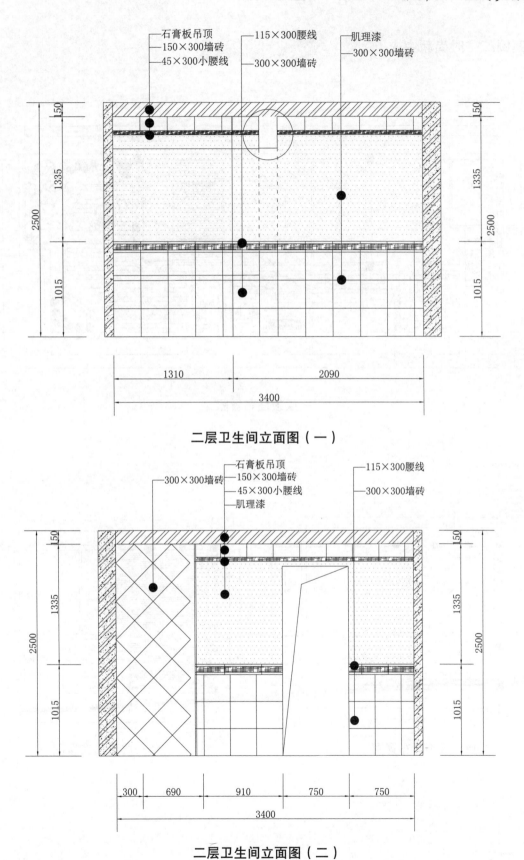

石膏板吊顶
150×300墙砖
45×300小腰线

115×300腰线
300×300墙砖

肌理漆
300×300墙砖

150
1335
2500
1015

1310　　　2090
3400

二层卫生间立面图（一）

300×300墙砖

石膏板吊顶
150×300墙砖
45×300小腰线
肌理漆

115×300腰线
300×300墙砖

150
1335
2500
1015

300　690　910　750　750
3400

二层卫生间立面图（二）

案例二　时尚新中式

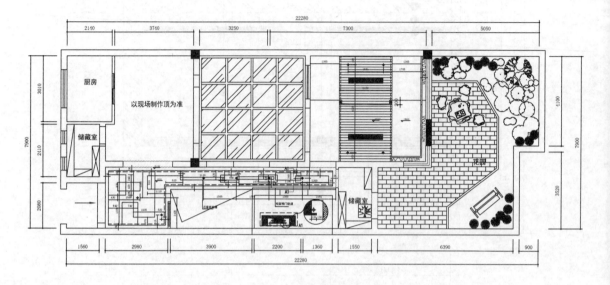

一层顶面布置图

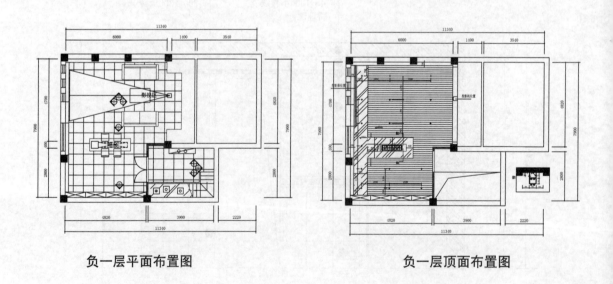

负一层平面布置图　　　　　　　　负一层顶面布置图

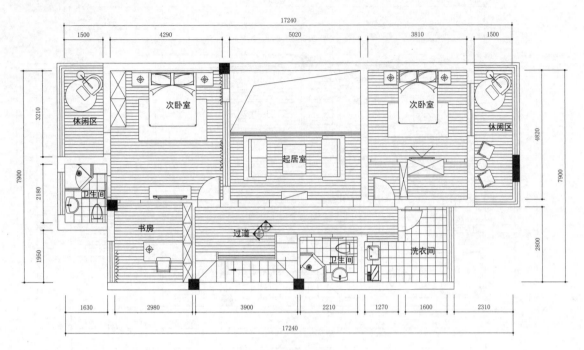

二层平面布置图

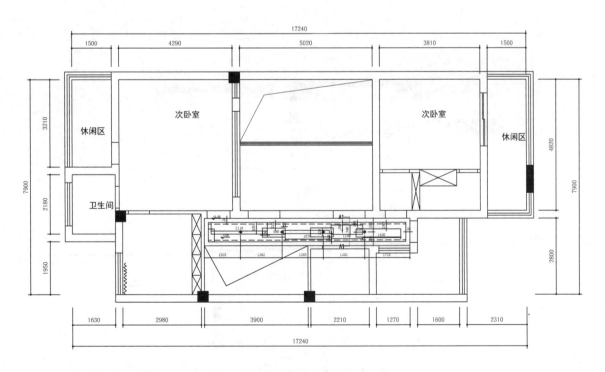

二层顶面布置图

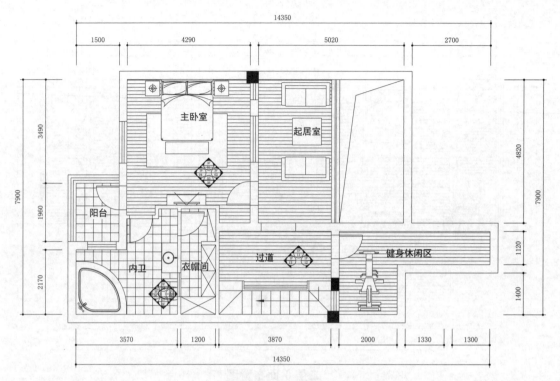

三层平面布置图

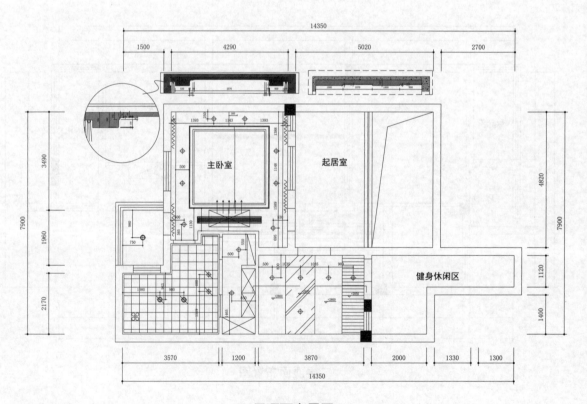

三层顶面布置图

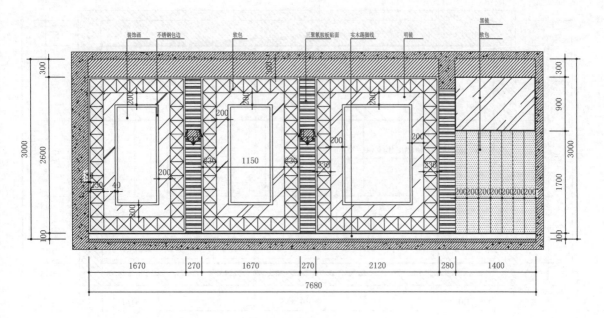

负一层立面图（一）

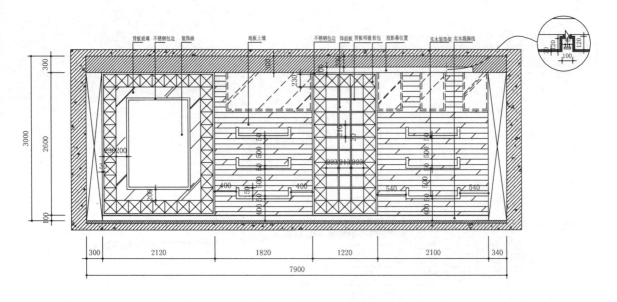

负一层立面图（二）

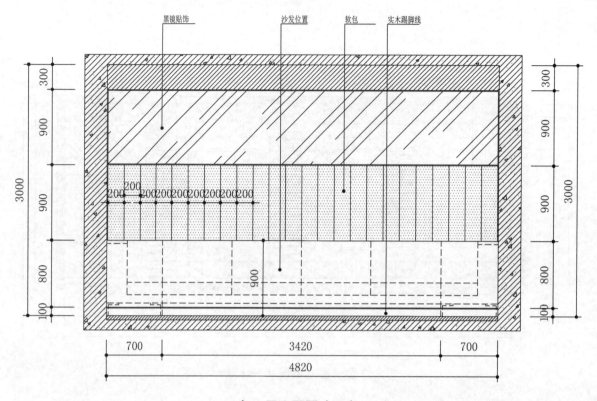

负一层立面图（三）

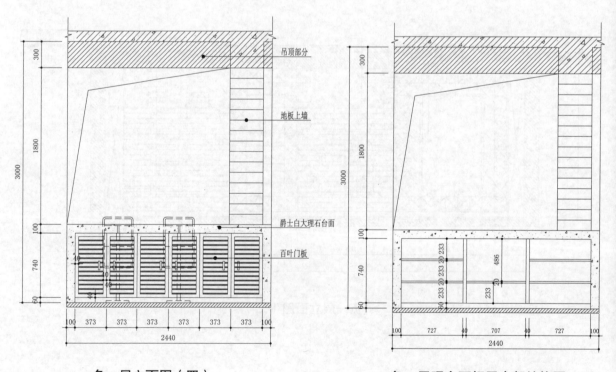

负一层立面图（四）　　　　　负一层吧台下柜子内部结构图

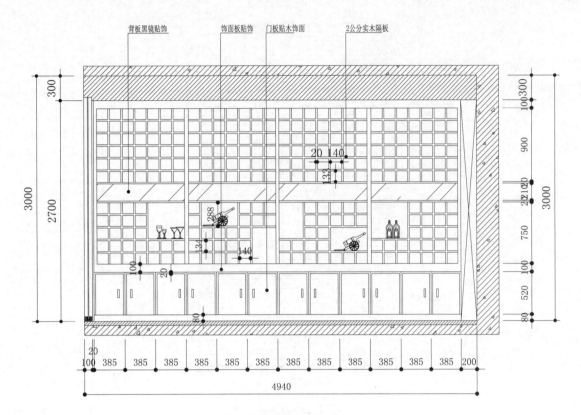

背板黑镜贴饰　饰面板贴饰　门板贴木饰面　2公分实木隔板

负一层立面图（五）

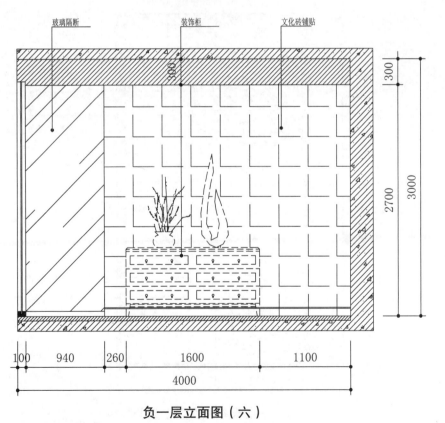

玻璃隔断　装饰柜　文化砖铺贴

负一层立面图（六）

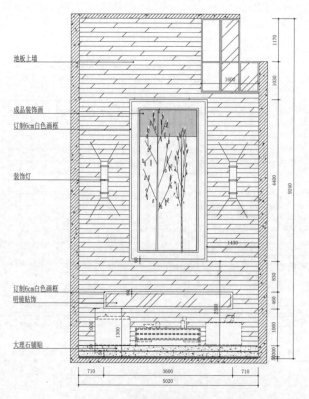

一层天井立面图（一）

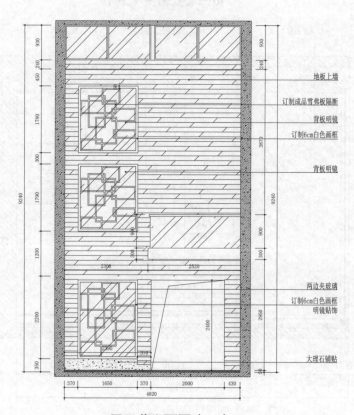

一层天井立面图（二）

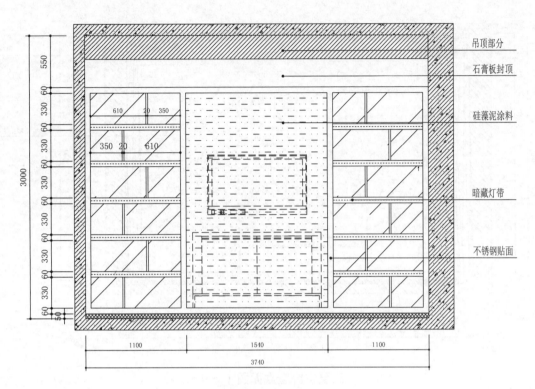

一层餐厅立面图（一）

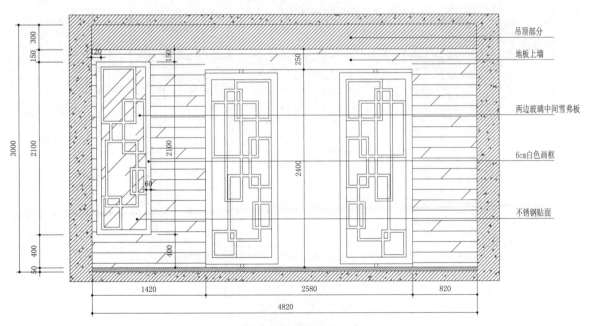

一层餐厅立面图（二）

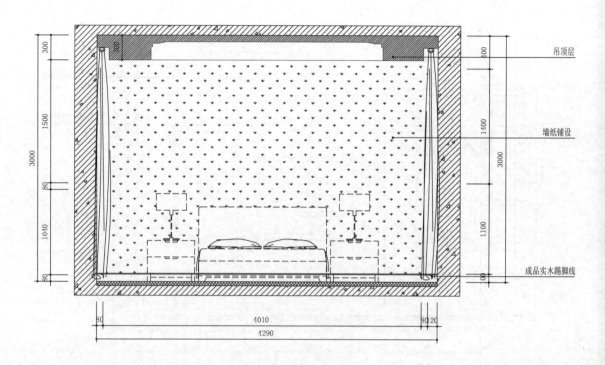

三层主卧室立面图（一）

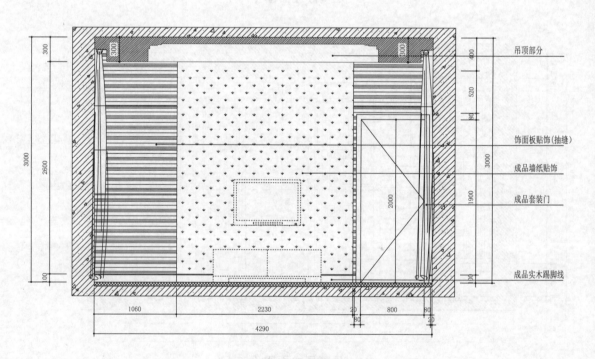

三层主卧室立面图（二）

案例三 繁秋

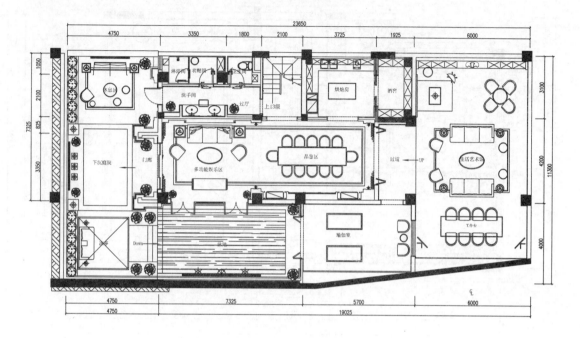

负一层平面布置图

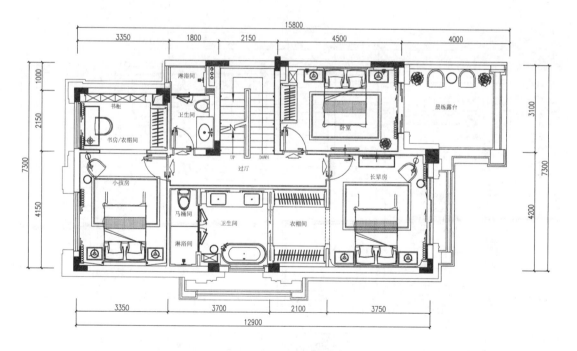

二层平面布置图

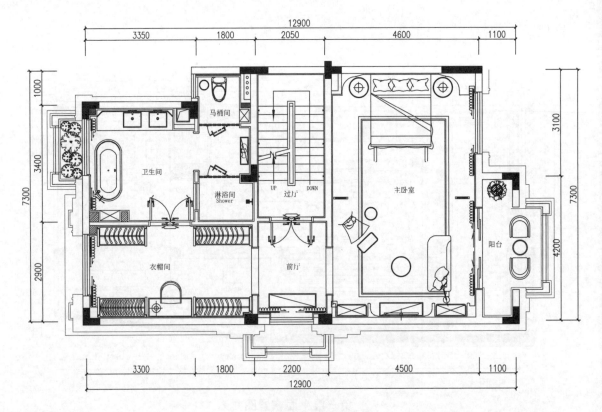

三层平面布置图

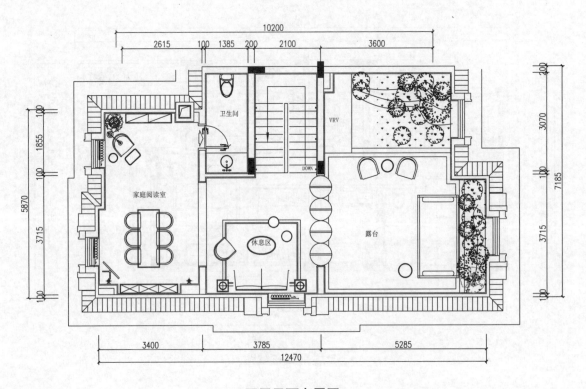

四层平面布置图

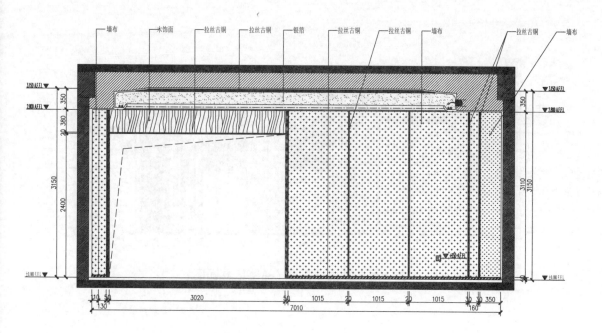

一层会客厅 / 艺术长廊立面图

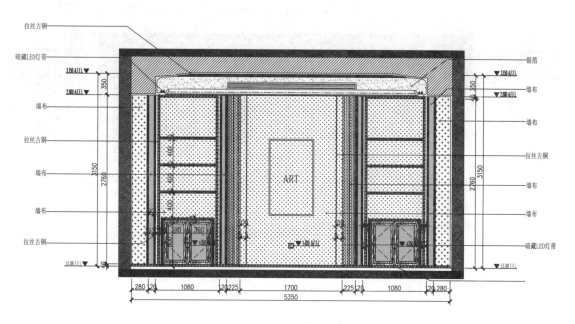

一层艺术长廊立面图

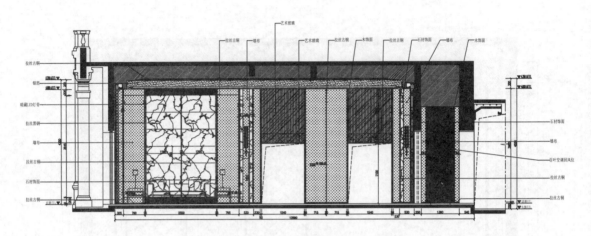

负一层多功能娱乐区／品鉴区立面图

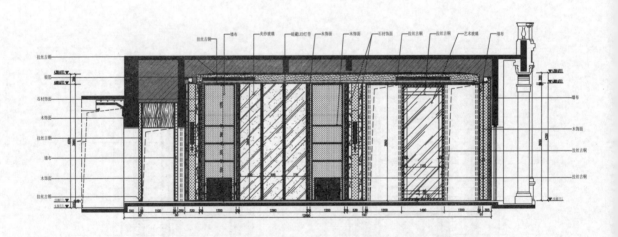

负一层品鉴区／多功能娱乐区立面图

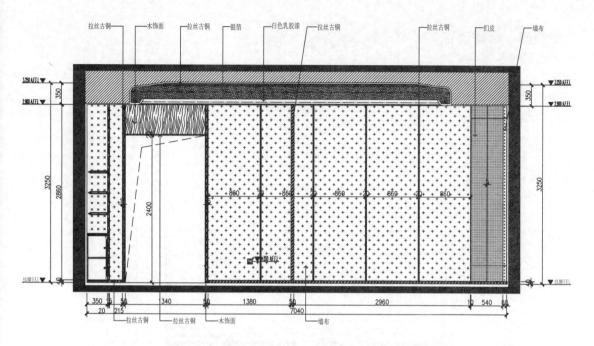

三层主卧室立面图（一）

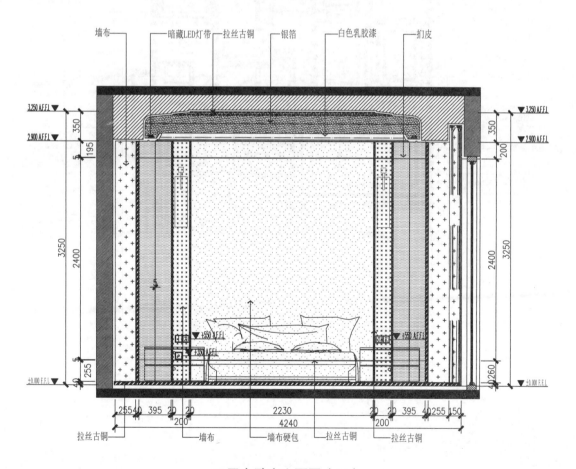

三层主卧室立面图（二）

案例四　原香溪谷

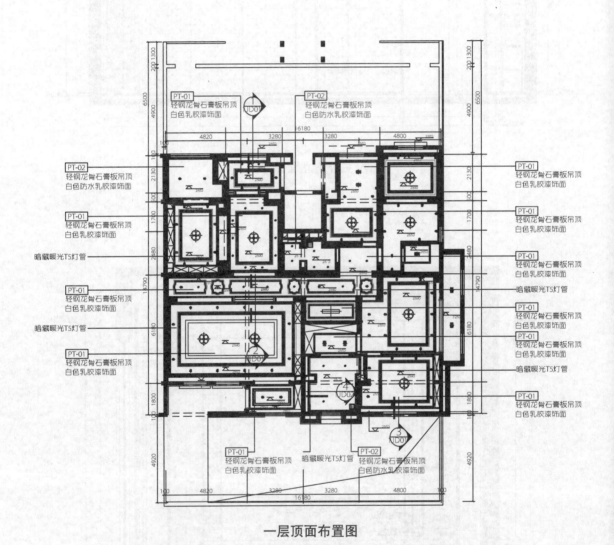

PT-01
轻钢龙骨石膏板吊顶
白色乳胶漆饰面

PT-02
轻钢龙骨石膏板吊顶
白色防水乳胶漆饰面

PT-02
轻钢龙骨石膏板吊顶
白色防水乳胶漆饰面

PT-01
轻钢龙骨石膏板吊顶
白色乳胶漆饰面

暗藏暖光T5灯管

PT-01
轻钢龙骨石膏板吊顶
白色乳胶漆饰面

暗藏暖光T5灯管

PT-01
轻钢龙骨石膏板吊顶
白色乳胶漆饰面

PT-01
轻钢龙骨石膏板吊顶
白色乳胶漆饰面

PT-01
轻钢龙骨石膏板吊顶
白色乳胶漆饰面

PT-01
轻钢龙骨石膏板吊顶
白色乳胶漆饰面

暗藏暖光T5灯管

PT-01
轻钢龙骨石膏板吊顶
白色乳胶漆饰面

PT-01
轻钢龙骨石膏板吊顶
白色乳胶漆饰面

暗藏暖光T5灯管

PT-01
轻钢龙骨石膏板吊顶
白色乳胶漆饰面

PT-01
轻钢龙骨石膏板吊顶
白色乳胶漆饰面

暗藏暖光T5灯管

PT-02
轻钢龙骨石膏板吊顶
白色防水乳胶漆饰面

一层顶面布置图

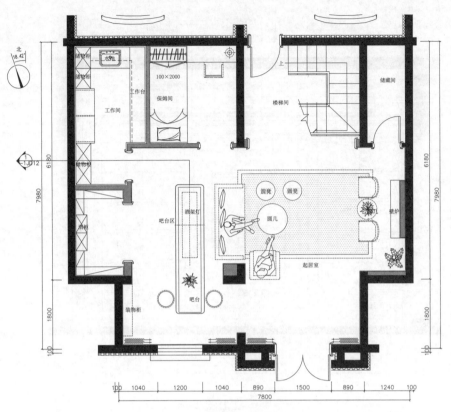

负一层平面布置图

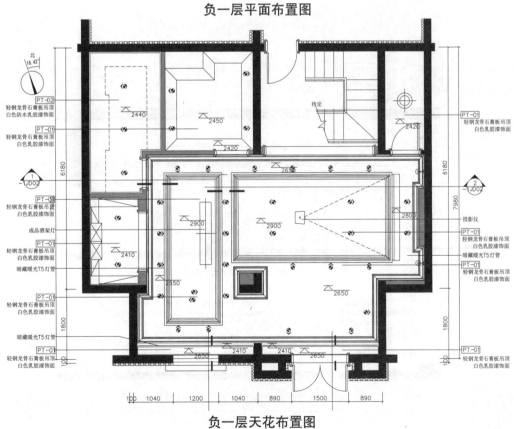

负一层天花布置图

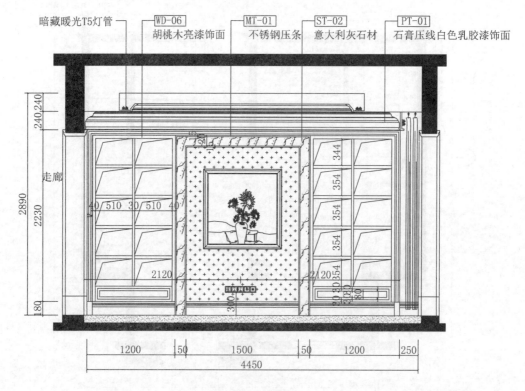

一层客厅立面图（一）

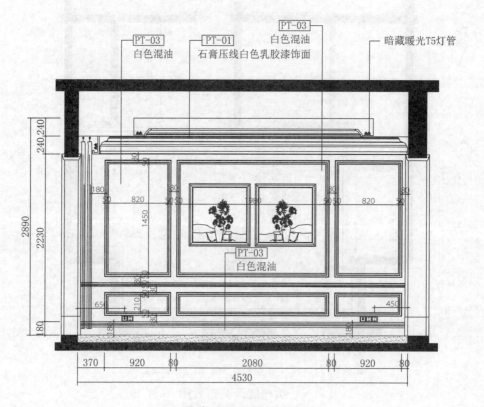

一层客厅立面图（二）

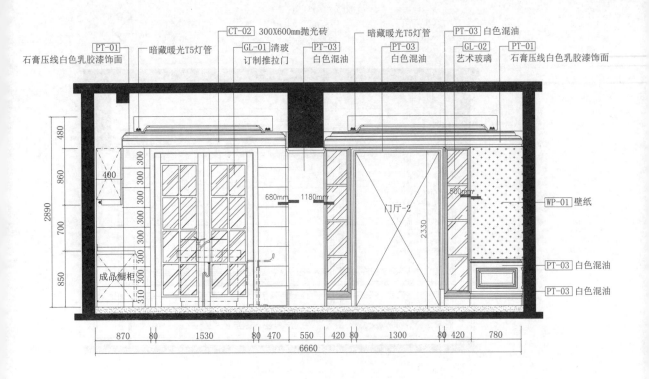

石膏压线白色乳胶漆饰面 PT-01　暗藏暖光T5灯管　CT-02 300X600mm抛光砖　暗藏暖光T5灯管　PT-03 白色混油　GL-01 清玻 订制推拉门　PT-03 白色混油　PT-03 白色混油　GL-02 艺术玻璃　PT-01 石膏压线白色乳胶漆饰面

WP-01 壁纸

PT-03 白色混油

PT-03 白色混油

一层餐厅立面图（一）

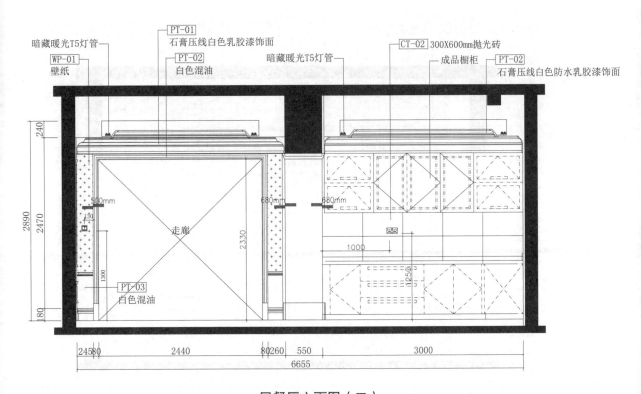

暗藏暖光T5灯管　WP-01 壁纸　PT-01 石膏压线白色乳胶漆饰面　PT-02 白色混油　暗藏暖光T5灯管　CT-02 300X600mm抛光砖　成品橱柜　PT-02 石膏压线白色防水乳胶漆饰面

PT-03 白色混油

走廊

一层餐厅立面图（二）

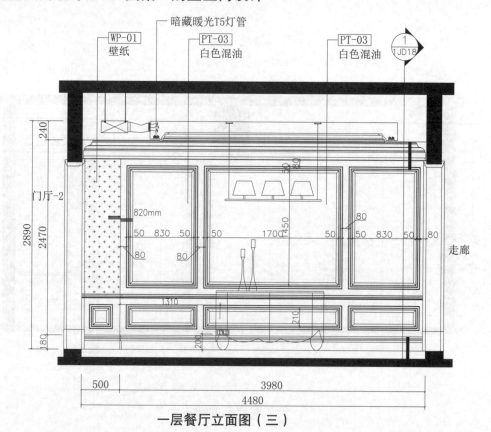

一层餐厅立面图（三）

一层餐厅立面图（四）

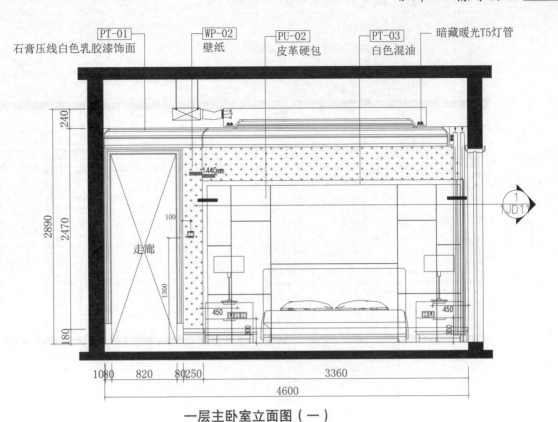

| PT-01 | WP-02 | PU-02 | PT-03 | 暗藏暖光T5灯管 |
| 石膏压线白色乳胶漆饰面 | 壁纸 | 皮革硬包 | 白色混油 | |

一层主卧室立面图（一）

暗藏暖光T5灯管　WP-02 壁纸　PT-01 石膏压线白色乳胶漆饰面　PT-03 白色混油　WP-02 壁纸

PT-03 白色混油

一层主卧室立面图（二）

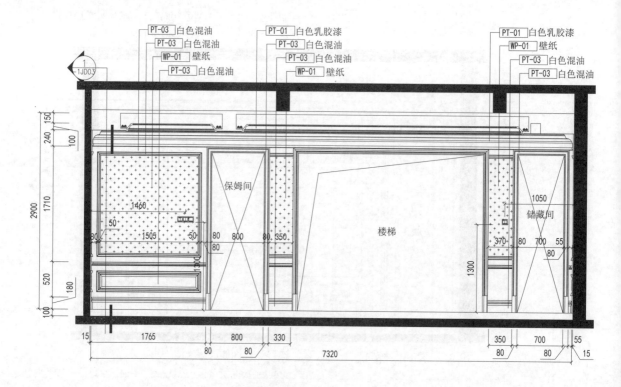

负一层起居室立面图（一）

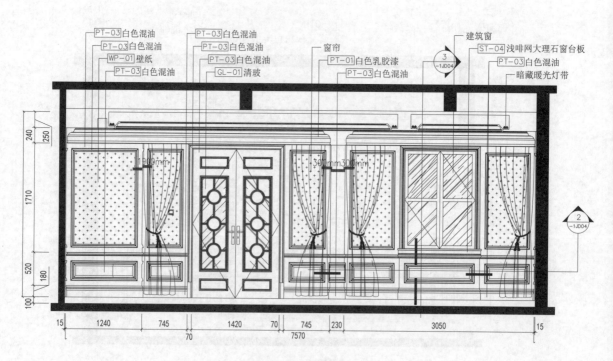

负一层起居室立面图（二）

案例五　奢华贵气

一层顶面布置图

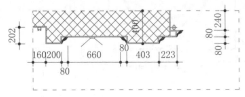

一层餐厅顶面剖面图

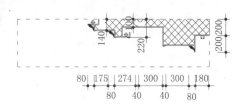

一层客厅顶面剖面图

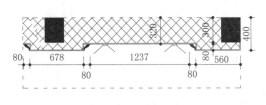

一层过道顶面剖面图

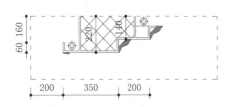

二层主卧室顶面剖面图

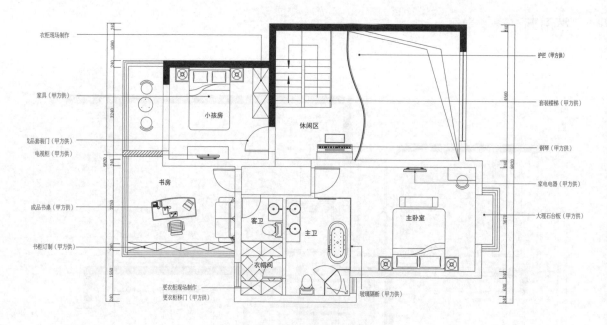

二层平面布置图

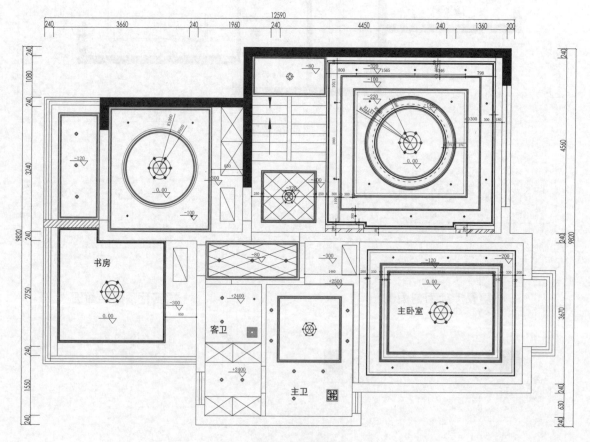

二层顶面布置图

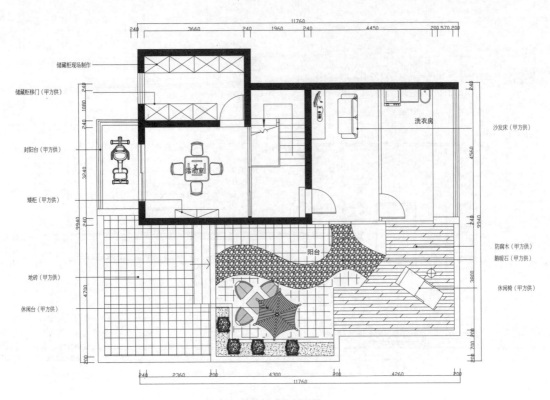

储藏柜现场制作

储藏柜移门（甲方供）

封阳台（甲方供）

矮柜（甲方供）

地砖（甲方供）

休闲台（甲方供）

洗衣房

沙发床（甲方供）

防腐木（甲方供）

鹅暖石（甲方供）

休闲椅（甲方供）

活动室

阳台

三层平面布置图

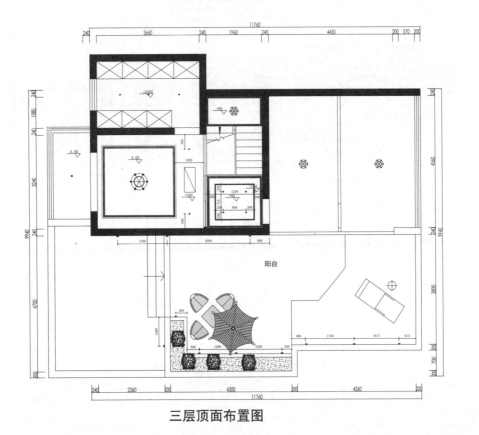

阳台

三层顶面布置图

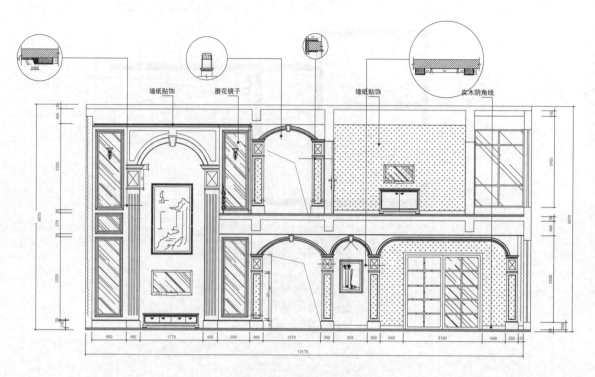

一层客厅 / 餐厅立面图

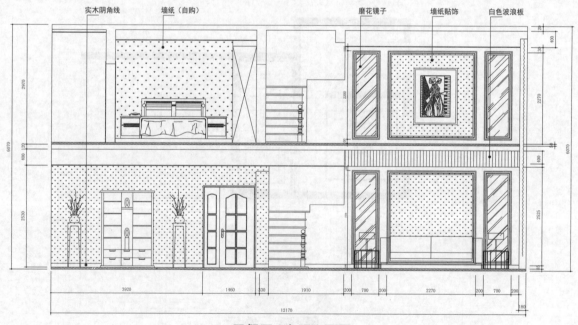

一层餐厅 / 客厅立面图

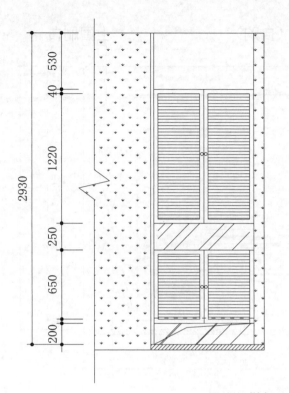

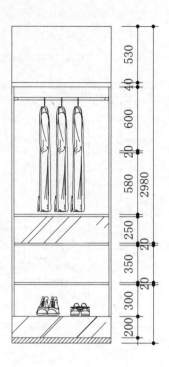

一层进门鞋柜立面图

上围刷白　混水白漆边框　墙纸贴饰　实木阴角线

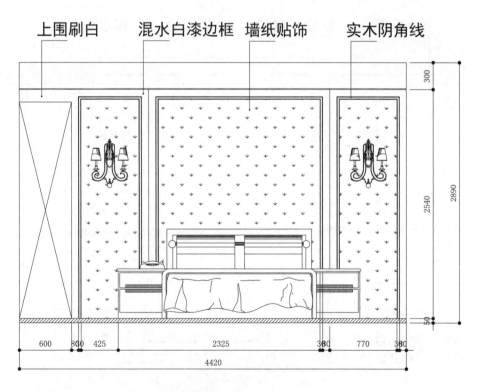

一层客卧室立面图

墙纸（自购）　　　　　　　　　上围刷白

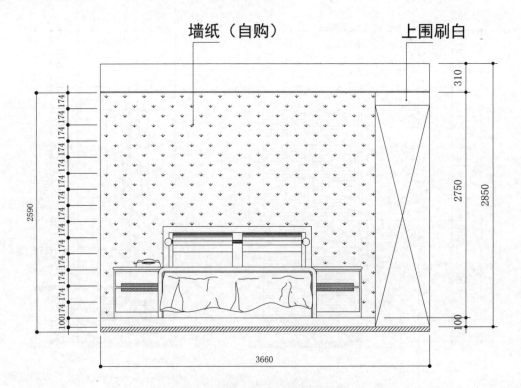

二层小孩房立面图

混水白漆　　　软包（自购）　　吊顶部分　　实木阴角线

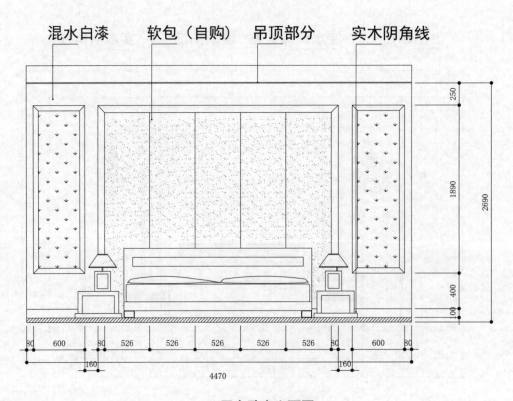

二层主卧室立面图

案例六 韵意

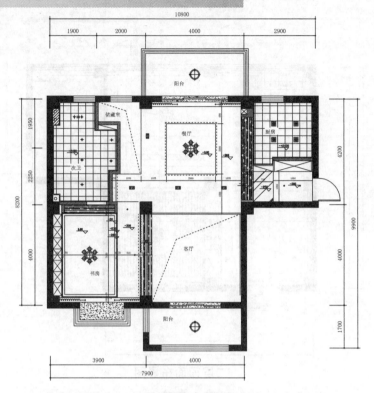

一层顶面布置图

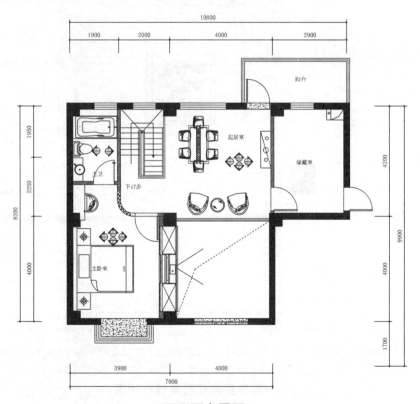

二层平面布置图

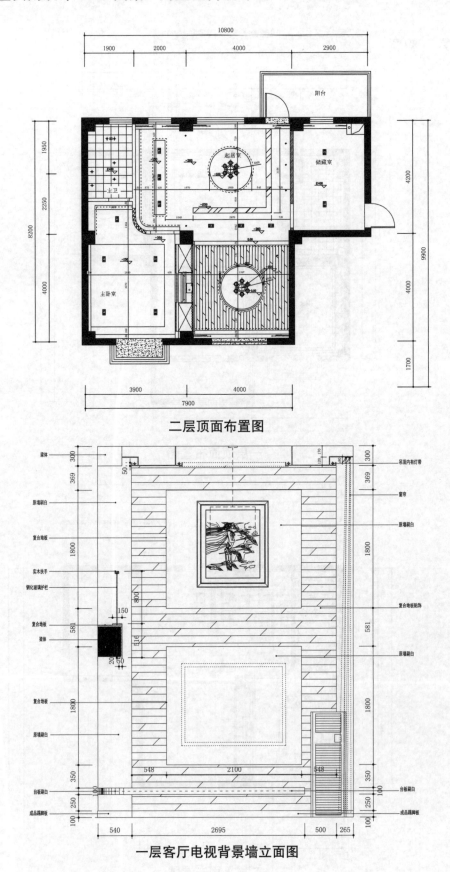

二层顶面布置图

一层客厅电视背景墙立面图

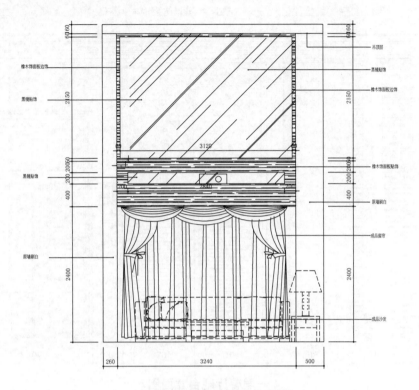

橡木饰面板边饰
黑镜贴饰

黑镜贴饰

原墙刷白

吊顶层
黑镜贴饰
橡木饰面板边饰

橡木饰面板贴饰
原墙刷白
成品窗帘

成品沙发

一层客厅沙发背景墙立面图

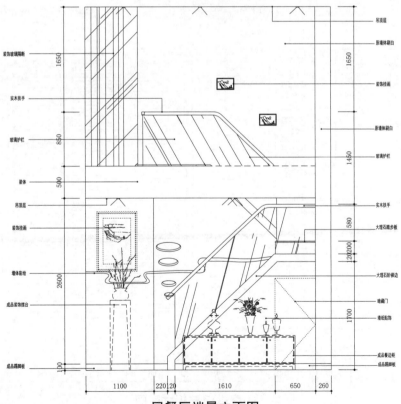

装饰玻璃隔断
实木扶手
玻璃护栏
梁体
吊顶层
装饰挂画
墙体影绘
成品装饰摆台
成品踢脚板

吊顶层
原墙体刷白
装饰挂画
原墙体刷白
玻璃护栏
实木扶手
大理石踏步板
大理石阶梯边
暗藏门
墙纸贴饰
成品餐边柜
成品踢脚板

一层餐厅端景立面图

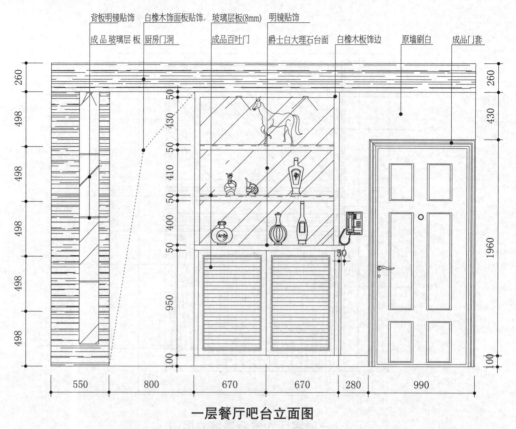

背板明镜贴饰　白橡木饰面板贴饰　玻璃层板(8mm)　明镜贴饰

成品玻璃层板　厨房门洞　成品百叶门　爵士白大理石台面　白橡木板饰边　原墙刷白　成品门套

一层餐厅吧台立面图

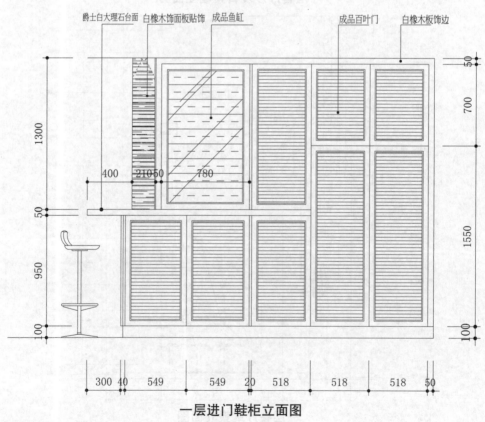

爵士白大理石台面　白橡木饰面板贴饰　成品鱼缸　成品百叶门　白橡木板饰边

一层进门鞋柜立面图

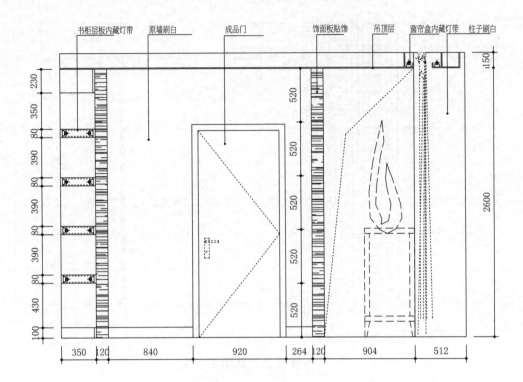

书柜层板内藏灯带　原墙刷白　成品门　饰面板贴饰　吊顶层　窗帘盒内藏灯带　柱子刷白

一层书房立面图（一）

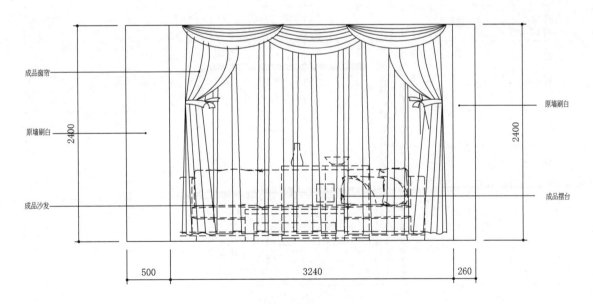

成品窗帘

原墙刷白

原墙刷白

成品沙发

成品摆台

一层书房立面图（二）

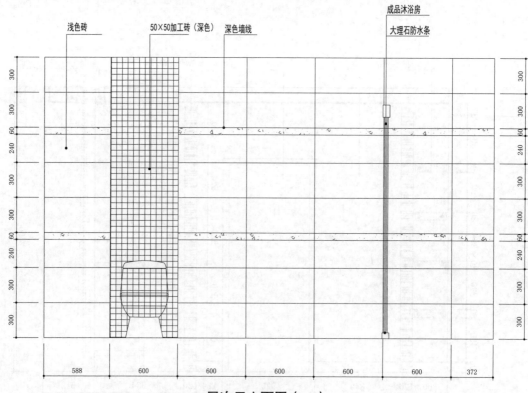

浅色砖　　50×50加工砖（深色）深色墙线　　　成品沐浴房
　　　　　　　　　　　　　　　　　　　　　　大理石防水条

一层次卫立面图（一）

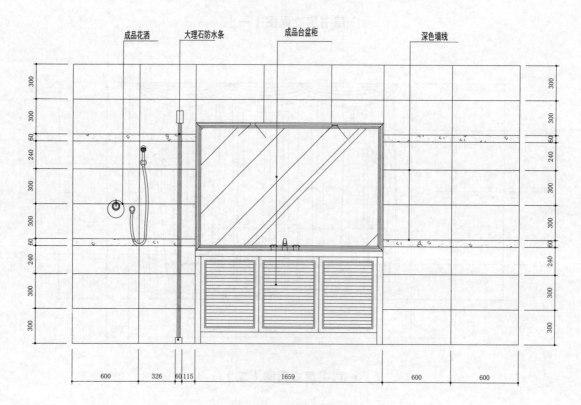

成品花洒　　大理石防水条　　成品台盆柜　　　深色墙线

一层次卫立面图（二）

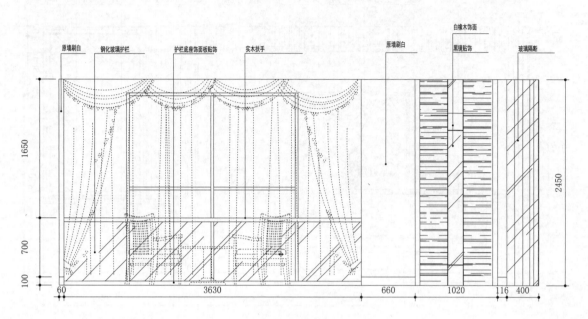

原墙刷白　　钢化玻璃护栏　　护栏底座饰面板贴饰　　实木扶手　　　　　　　原墙刷白　　白橡木饰面　　黑镜贴饰　　玻璃隔断

1650　700　100

2450

60　　3630　　660　　1020　　116　400

二层起居室立面图（一）

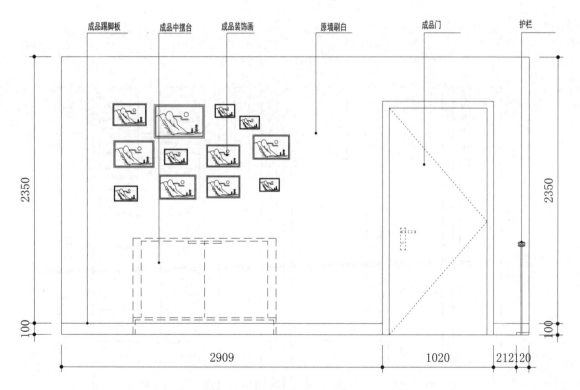

成品踢脚板　　成品中摆台　　成品装饰画　　原墙刷白　　成品门　　护栏

2350　100

2350　100

2909　　1020　　212　120

二层起居室立面图（二）

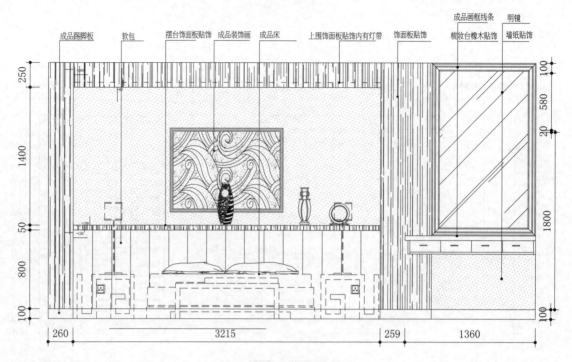

成品踢脚板　软包　摆台饰面板贴饰　成品装饰画　成品床　上围饰面板贴饰内有灯带　饰面板贴饰　成品画框线条　明镜
梳妆台橡木贴饰　墙纸贴饰

250　1400　50　800　100

100　580　20　1800　100

260　3215　259　1360

二层主卧室立面图（一）

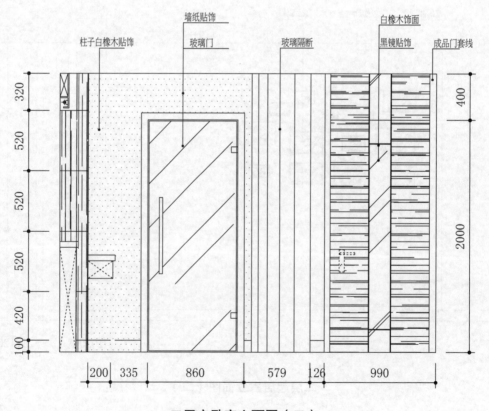

柱子白橡木贴饰　墙纸贴饰　玻璃门　玻璃隔断　白橡木饰面　黑镜贴饰　成品门套线

320　520　520　520　420　100

400　2000

200　335　860　579　126　990

二层主卧室立面图（二）

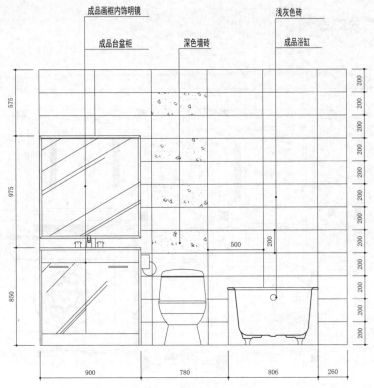

成品画框内饰明镜　　浅灰色砖

成品台盆柜　　深色墙砖　　成品浴缸

二层主卫立面图（一）

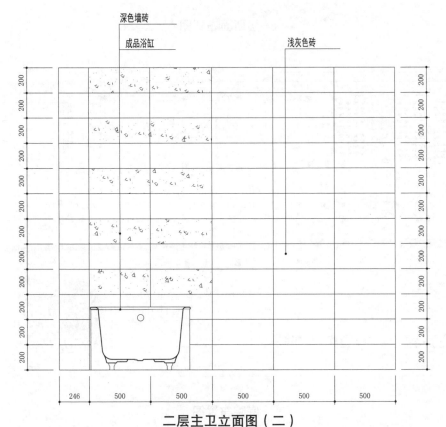

深色墙砖

成品浴缸　　浅灰色砖

二层主卫立面图（二）

案例七　图兰朵的春天

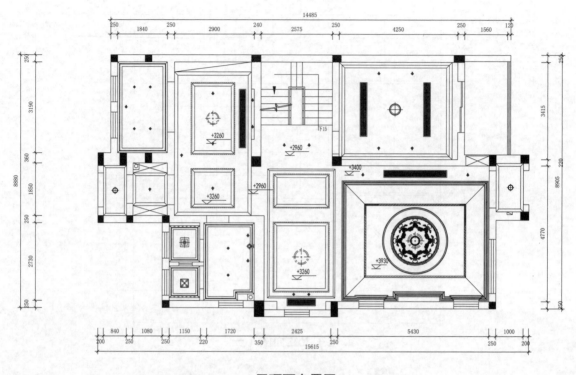

一层顶面布置图

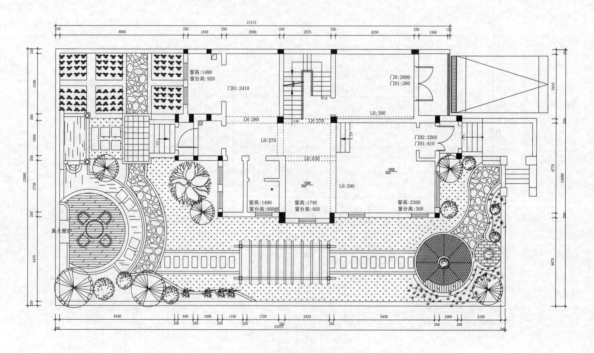

庭院布置图

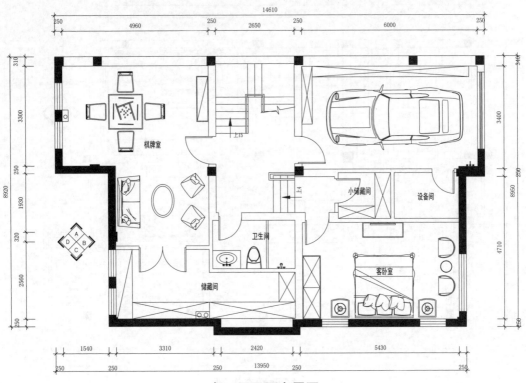

负一层平面布置图

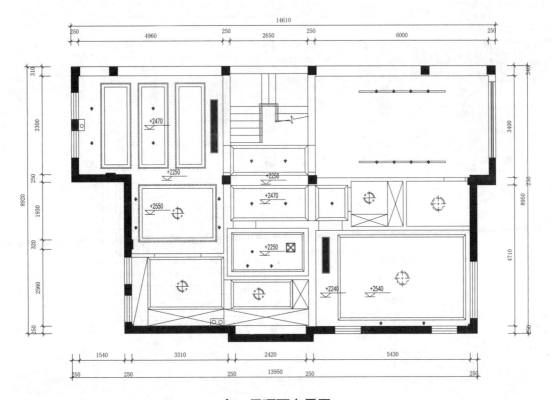

负一层顶面布置图

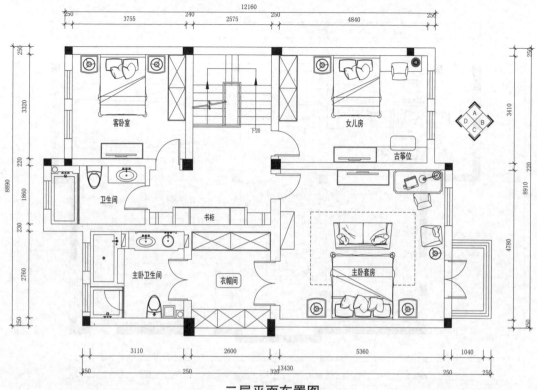

二层平面布置图

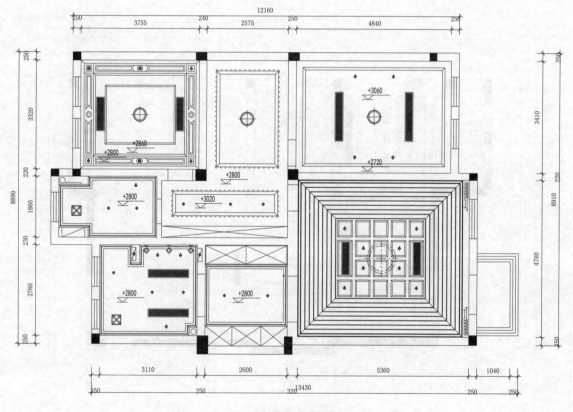

二层顶面布置图

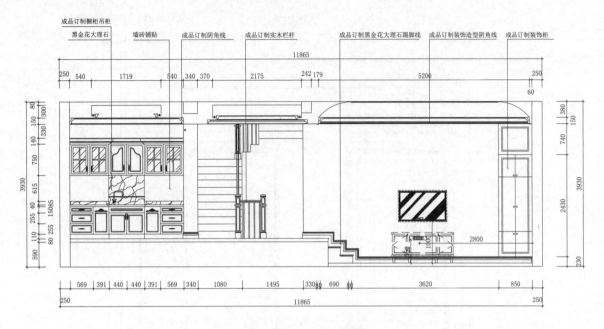

一层厨房/客厅立面图

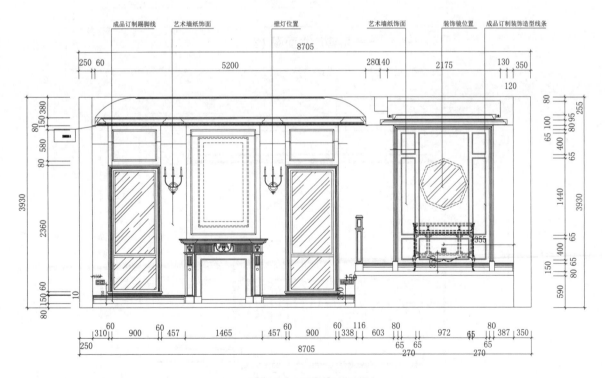

一层客厅/餐厅立面图

一层客厅立面图（一）

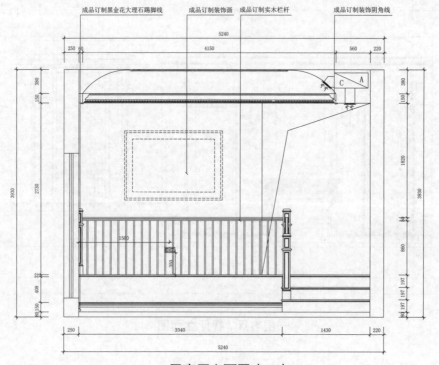

一层客厅立面图（二）

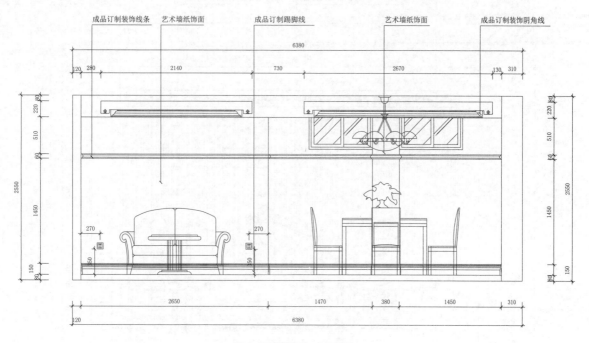

负一层棋牌室立面图

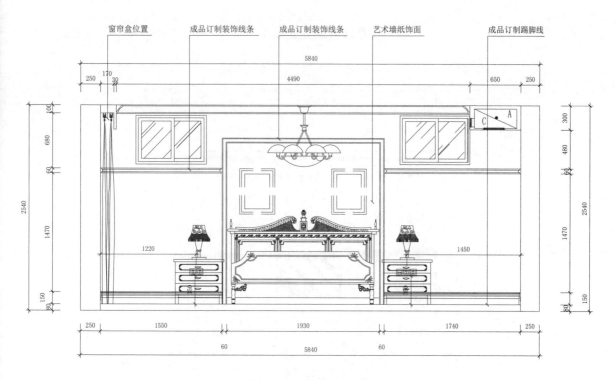

负一层客卧室立面图

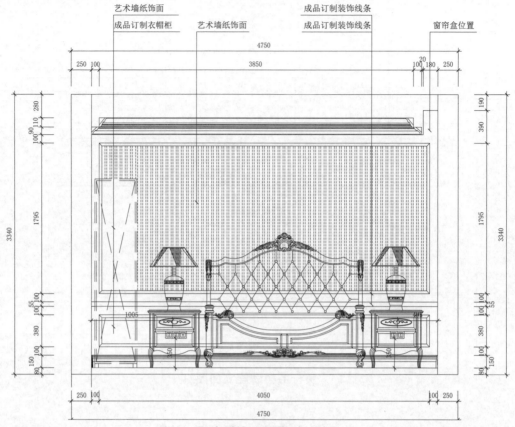

一层次卧室立面图（一）

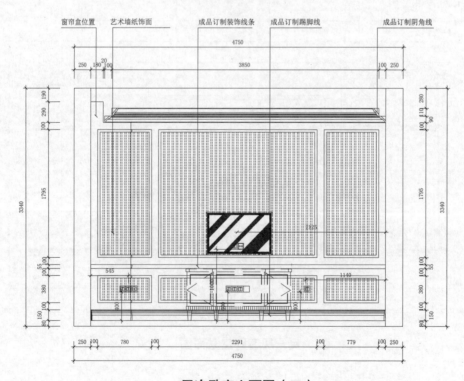

一层次卧室立面图（二）

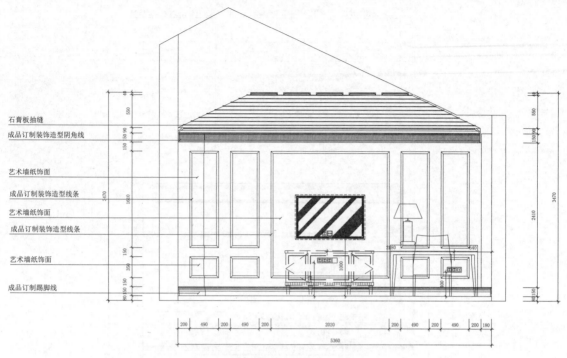

石膏板抽缝
成品订制装饰造型阴角线

艺术墙纸饰面
成品订制装饰造型线条
艺术墙纸饰面
成品订制装饰造型线条

艺术墙纸饰面

成品订制踢脚线

二层主卧套房立面图（一）

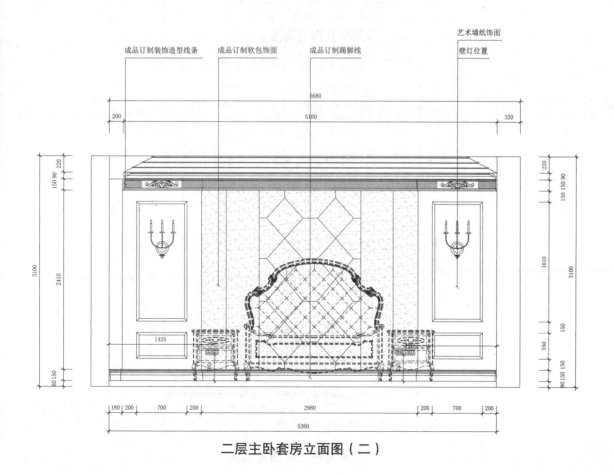

成品订制装饰造型线条　　成品订制软包饰面　　成品订制踢脚线

艺术墙纸饰面

壁灯位置

二层主卧套房立面图（二）

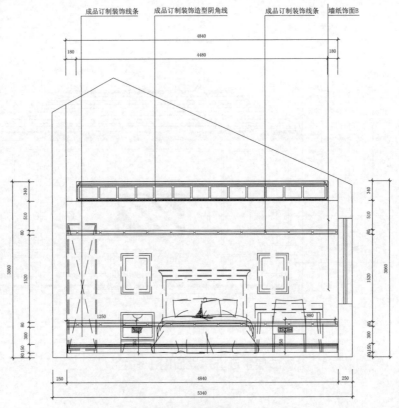

二层女儿房立面图（一）

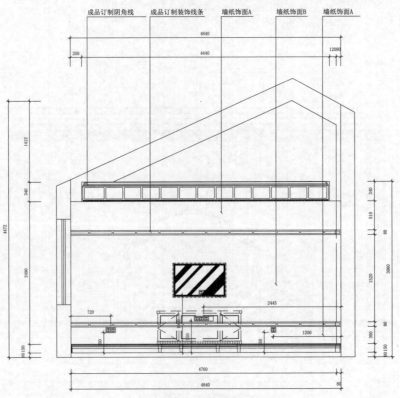

二层女儿房立面图（二）

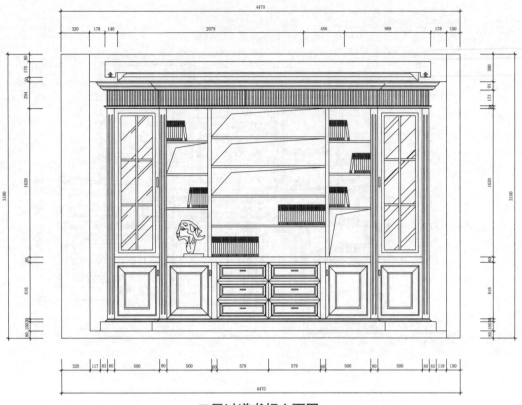

二层过道书柜立面图

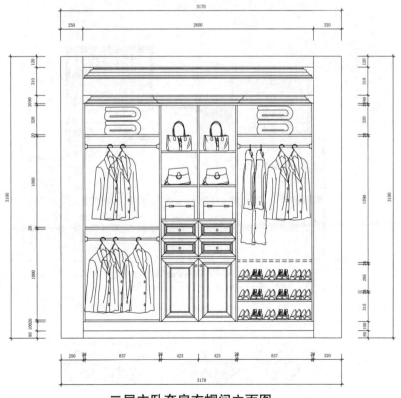

二层主卧套房衣帽间立面图

案例八　映像古滇

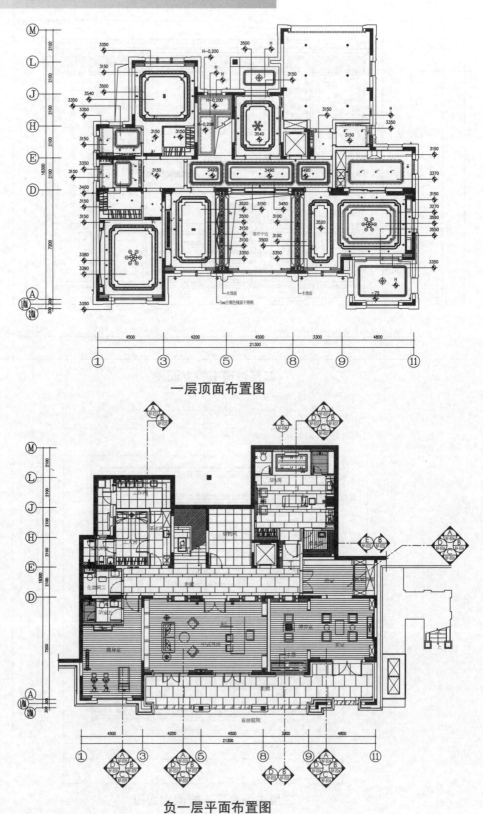

一层顶面布置图

负一层平面布置图

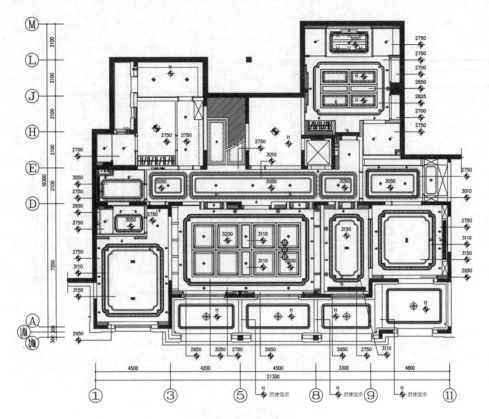

负一层顶面布置图

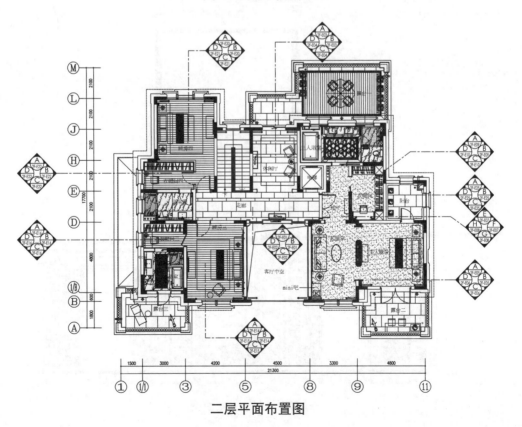

二层平面布置图

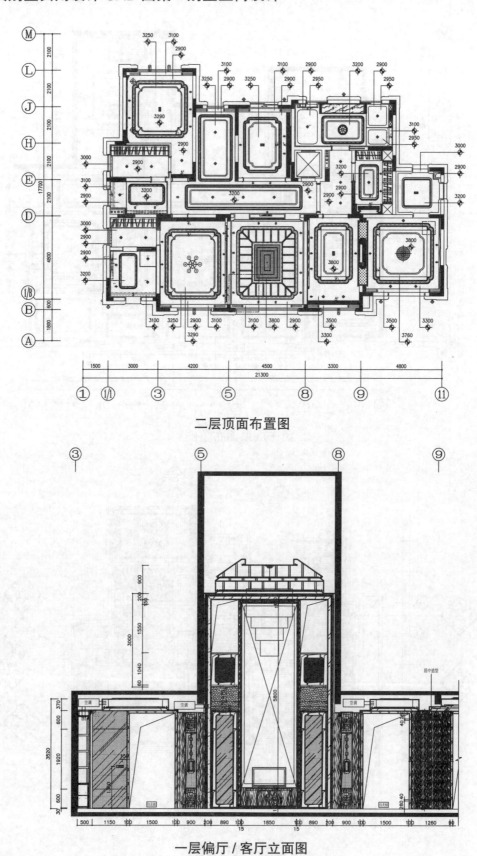

二层顶面布置图

一层偏厅 / 客厅立面图

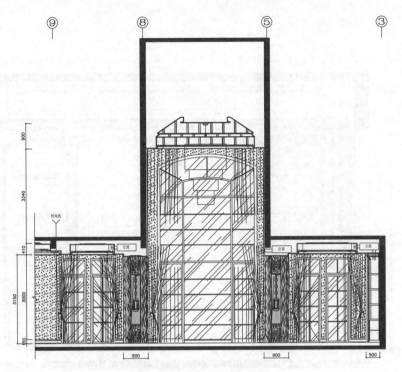

一层客厅 / 偏厅立面图

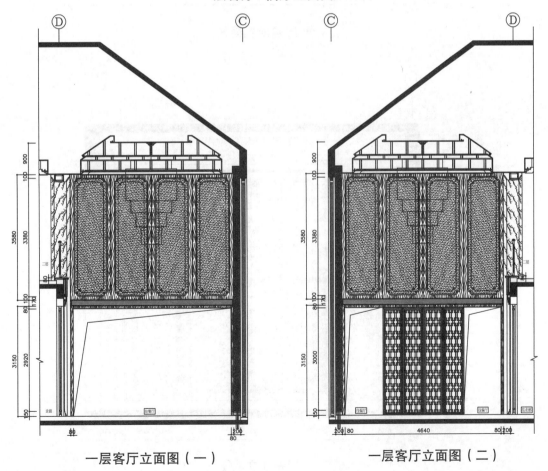

一层客厅立面图（一）　　　　　一层客厅立面图（二）

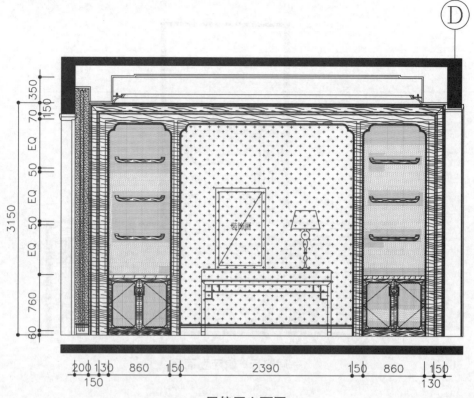

一层偏厅立面图

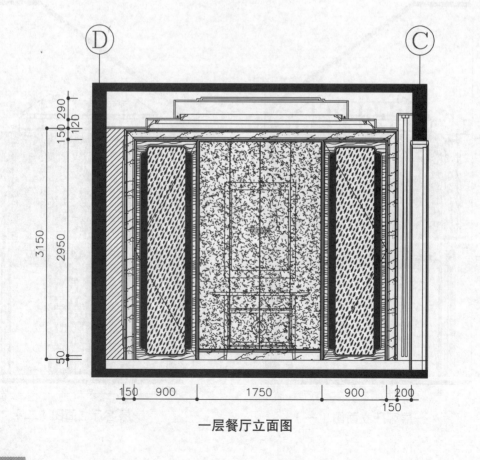

一层餐厅立面图

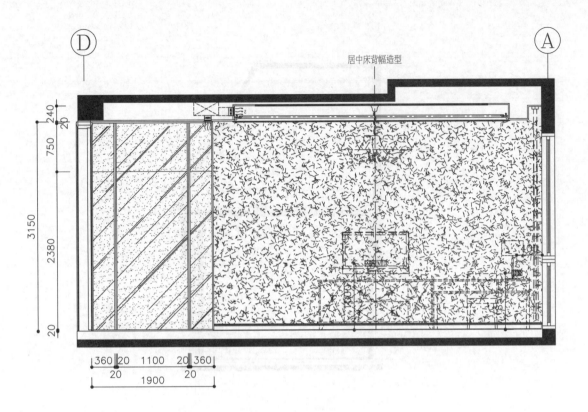

一层睡房一立面图（一）

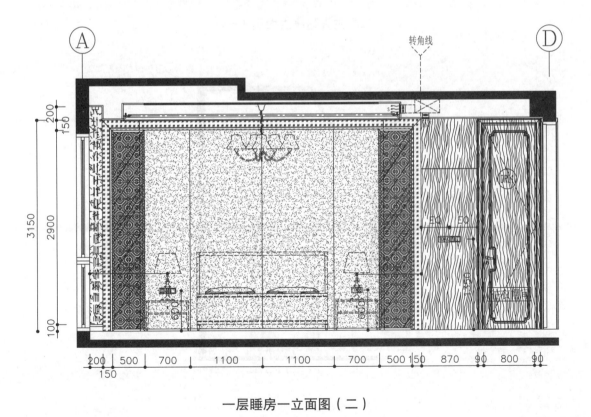

一层睡房一立面图（二）

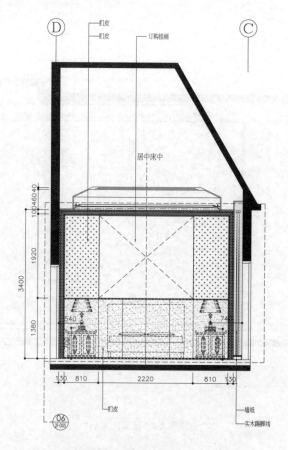

二层主人睡房立面图（一）

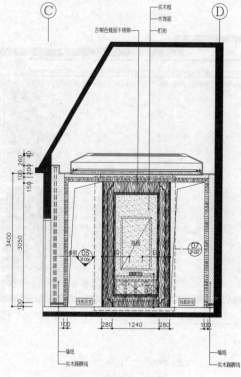

二层主人睡房立面图（二）

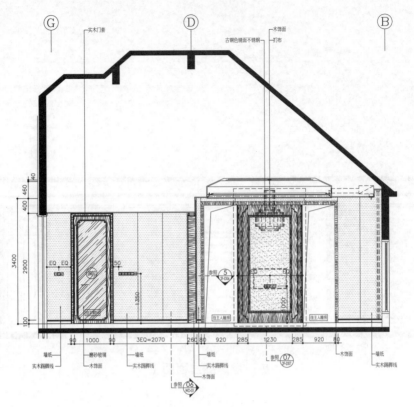

二层过厅/起居室立面图

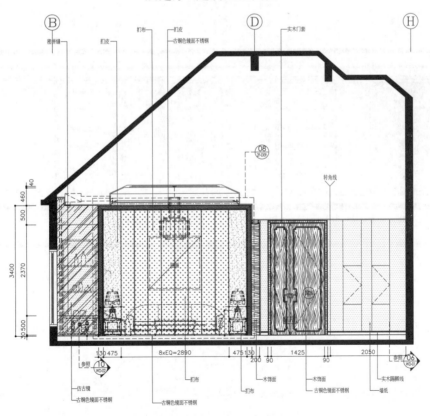

二层起居室/过厅立面图

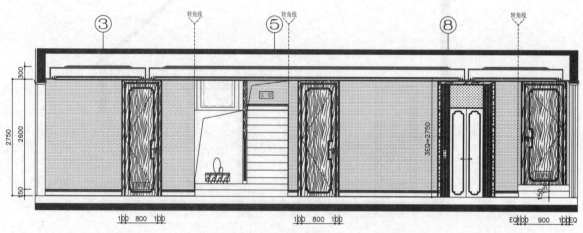

负一层走廊立面图（一）

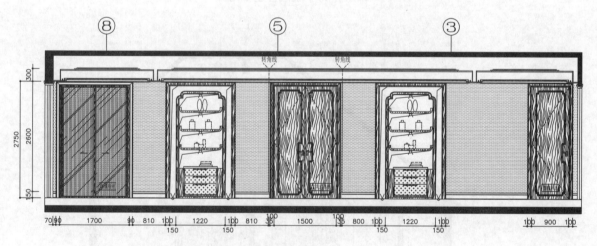

负一层走廊立面图（二）

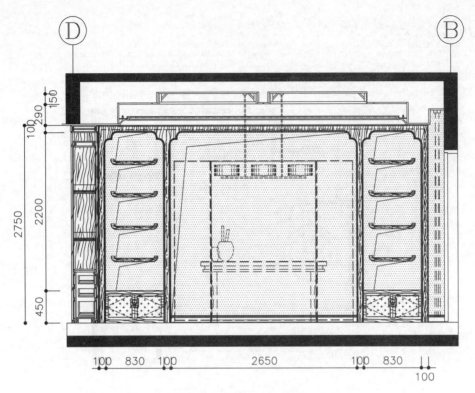

负一层中式书房立面图（一）

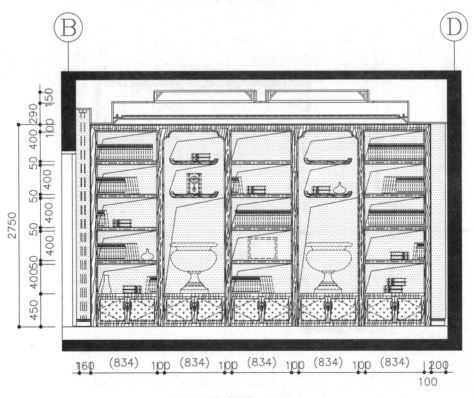

负一层中式书房立面图（二）

案例九　唯美大气

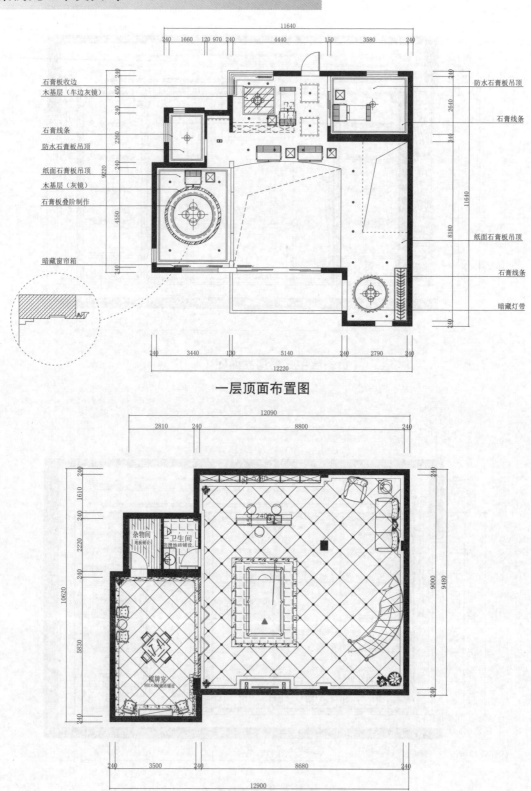

石膏板收边
木基层（车边灰镜）

石膏线条
防水石膏板吊顶

纸面石膏板吊顶
木基层（灰镜）
石膏板叠阶制作

暗藏窗帘箱

防水石膏板吊顶

石膏线条

纸面石膏板吊顶

石膏线条

暗藏灯带

一层顶面布置图

杂物间

卫生间

棋牌室

负一层平面布置图

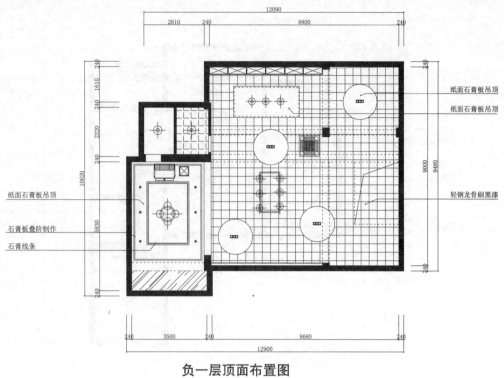

负一层顶面布置图

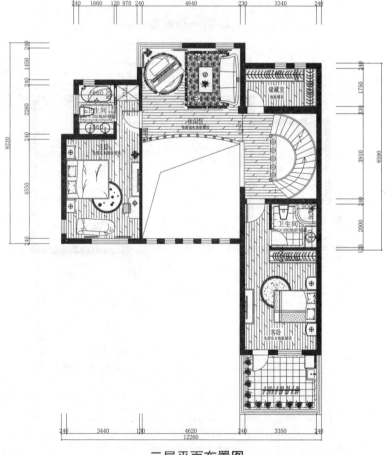

二层平面布置图

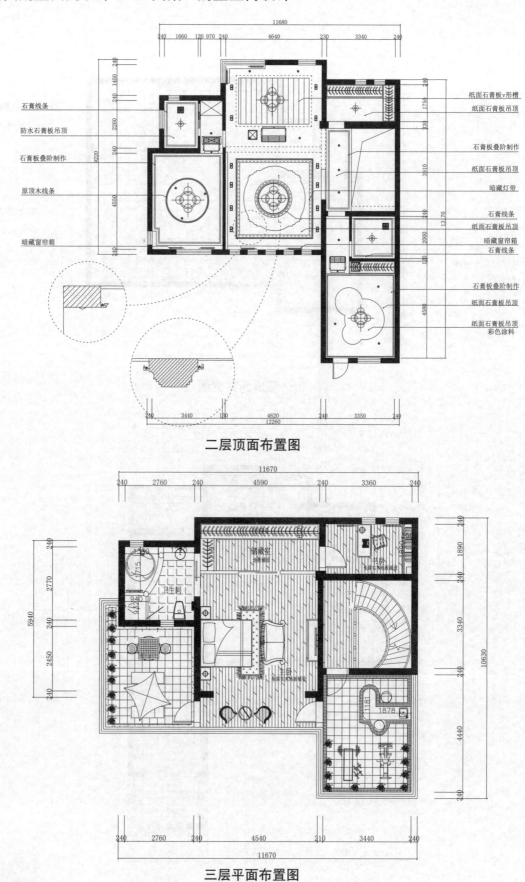

石膏线条
防水石膏板吊顶
石膏板叠阶制作
原顶木线条
暗藏窗帘箱

纸面石膏板v形槽
纸面石膏板吊顶
石膏板叠阶制作
纸面石膏板吊顶
暗藏灯带
石膏线条
纸面石膏板吊顶
暗藏窗帘箱
石膏线条
石膏板叠阶制作
纸面石膏板吊顶
纸面石膏板吊顶
彩色涂料

二层顶面布置图

三层平面布置图

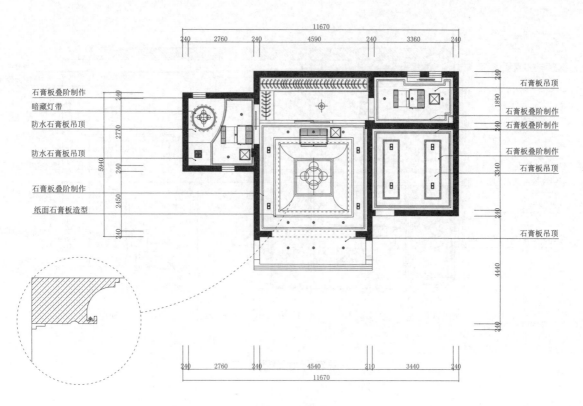

三层顶面布置图

石膏板叠阶制作
暗藏灯带
防水石膏板吊顶
防水石膏板吊顶
石膏板叠阶制作
纸面石膏板造型

石膏板吊顶
石膏板叠阶制作
石膏板叠阶制作
石膏板叠阶制作
石膏板吊顶
石膏板吊顶

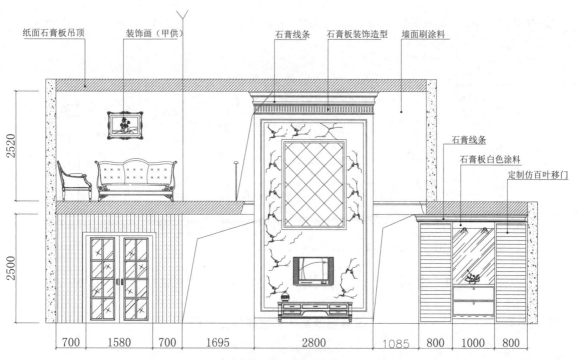

纸面石膏板吊顶　装饰画（甲供）　石膏线条　石膏板装饰造型　墙面刷涂料

石膏线条
石膏板白色涂料
定制仿百叶移门

一层客厅立面图（一）

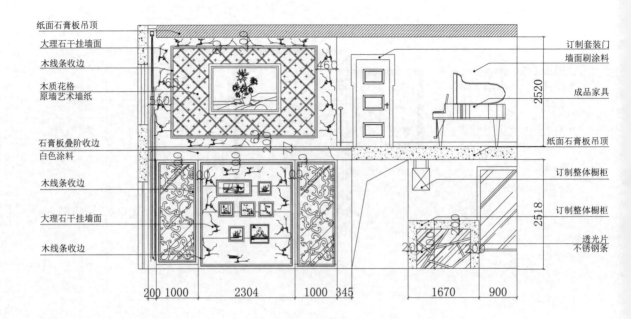

纸面石膏板吊顶
大理石干挂墙面
木线条收边
木质花格
原墙艺术墙纸
石膏板叠阶收边
白色涂料
木线条收边
大理石干挂墙面
木线条收边

订制套装门
墙面刷涂料
成品家具
纸面石膏板吊顶
订制整体橱柜
订制整体橱柜
透光片
不锈钢条

一层客厅立面图（二）

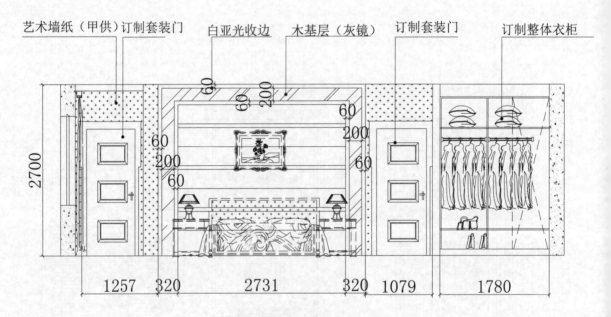

艺术墙纸（甲供）订制套装门　白亚光收边　木基层（灰镜）　订制套装门　订制整体衣柜

三层主卧室床头背景墙立面图

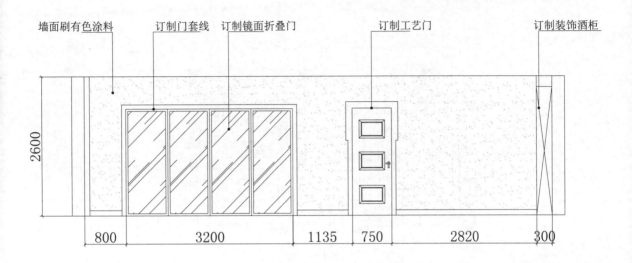

墙面刷有色涂料　　订制门套线　订制镜面折叠门　　　订制工艺门　　　　订制装饰酒柜

2600

800　　3200　　1135　750　　2820　300

负一层棋牌室立面图

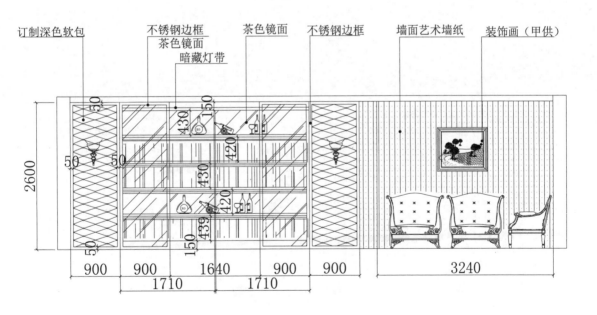

订制深色软包　　不锈钢边框　茶色镜面　不锈钢边框　墙面艺术墙纸　装饰画（甲供）
　　　　　　　茶色镜面
　　　　　　　暗藏灯带

2600

50　50　150　430　420　430　420　439　150

50　50

900　900　1640　900　900　　3240

1710　　1710

负一层台球室立面图

案例十　品味中式

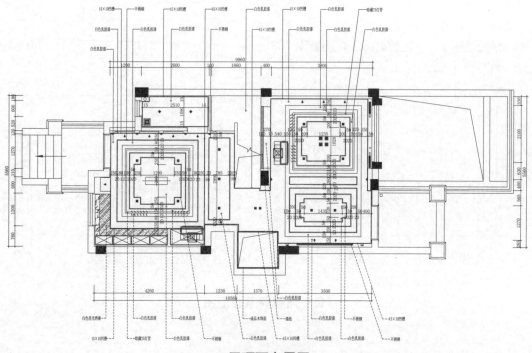

一层顶面布置图

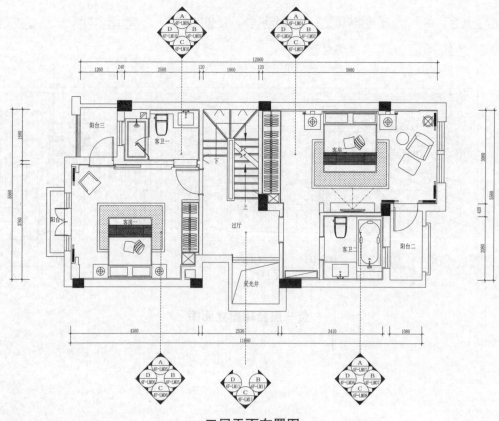

二层平面布置图

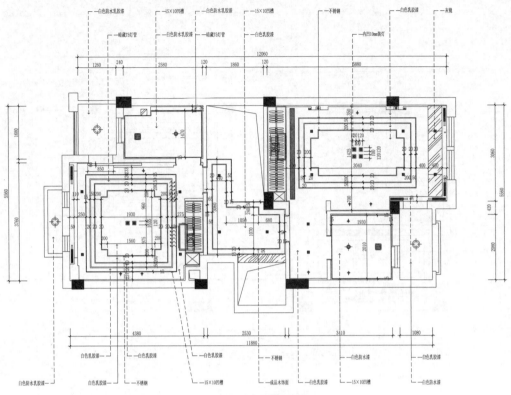

二层顶面布置图

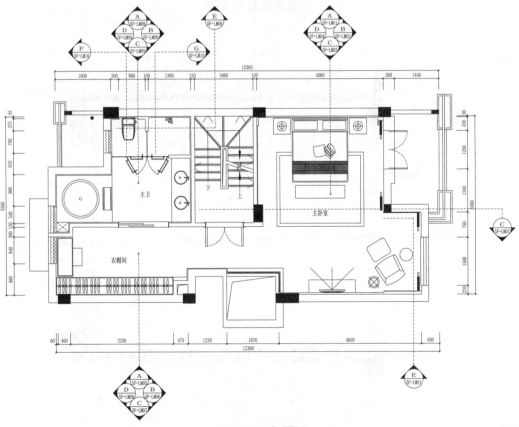

三层平面布置图

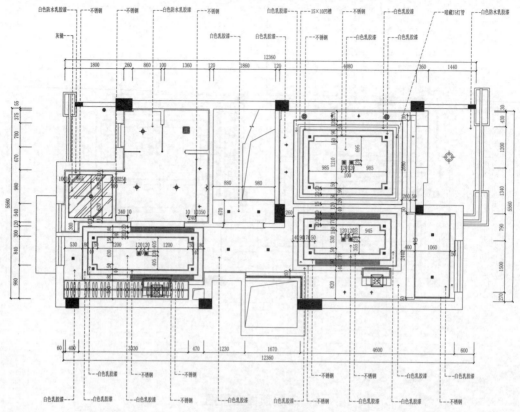

三层顶面布置图

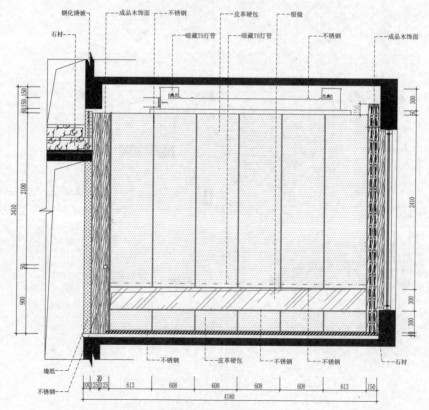

一层客厅立面图（一）

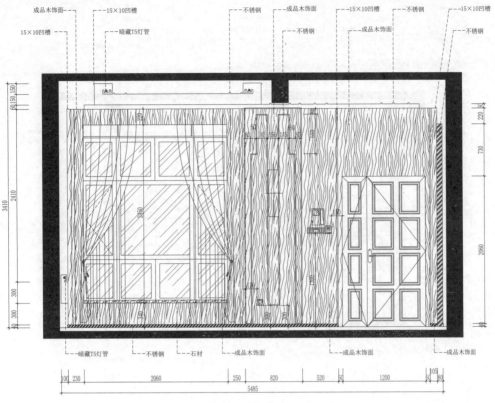

一层客厅立面图（二）

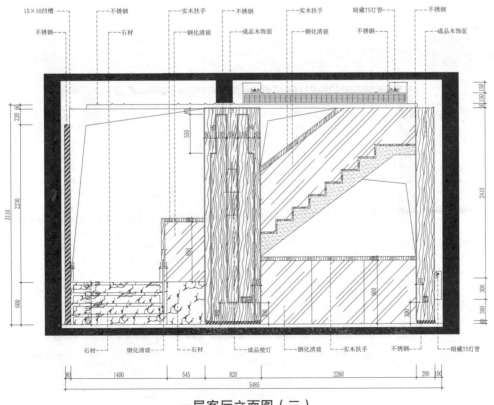

一层客厅立面图（三）

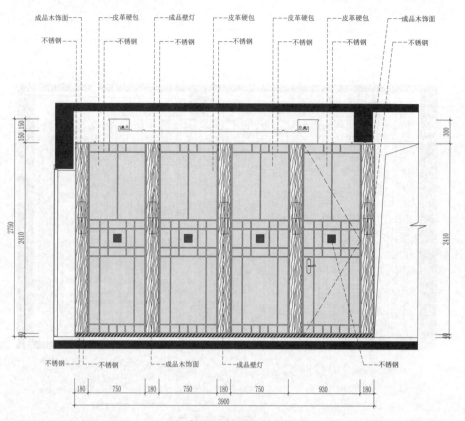

一层餐厅立面图（一）

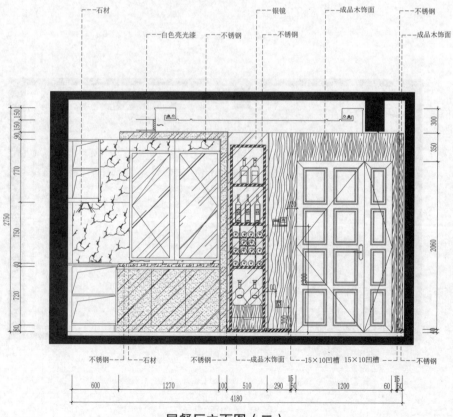

一层餐厅立面图（二）

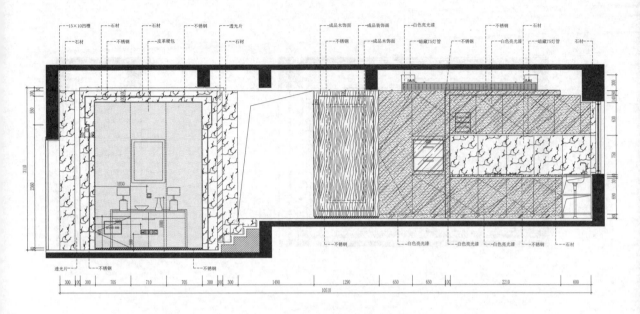

一层过厅／餐厅立面图

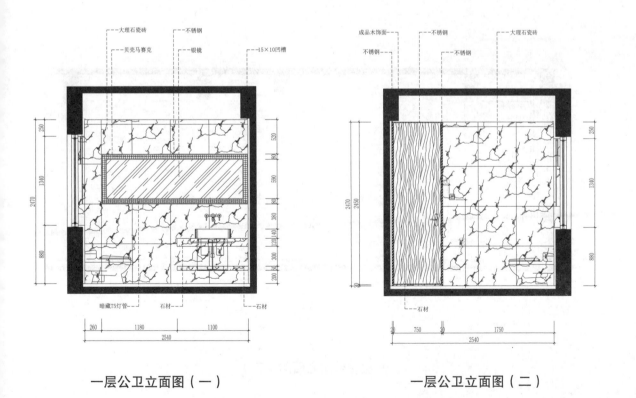

一层公卫立面图（一）   一层公卫立面图（二）

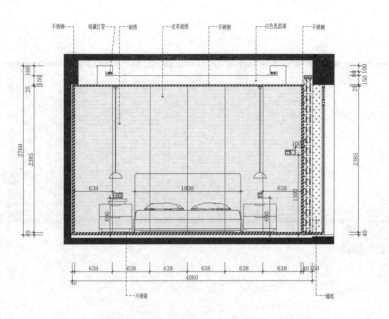

三层主卧室立面图（一）

三层主卧室立面图（二）

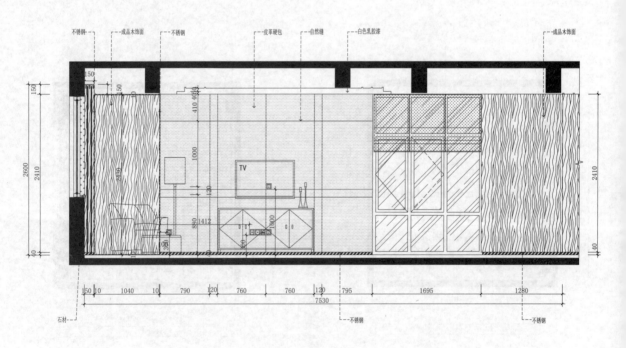

三层主卧室立面图（三）

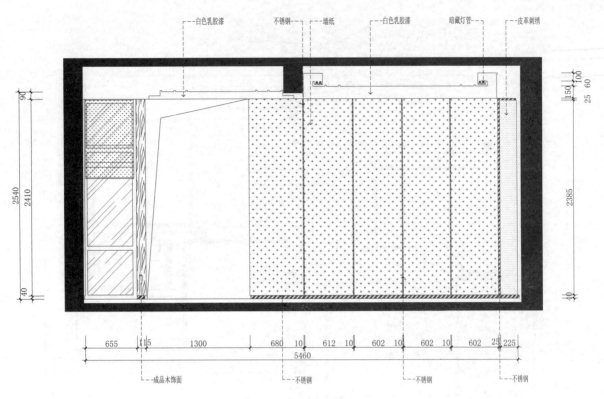

白色乳胶漆　　不锈钢　　墙纸　　白色乳胶漆　　暗藏灯管　　皮革刺绣

成品木饰面　　不锈钢　　不锈钢　　不锈钢

655　115　1300　680　10　612　10　602　10　602　10　602　25　225
5460

三层主卧室立面图（四）

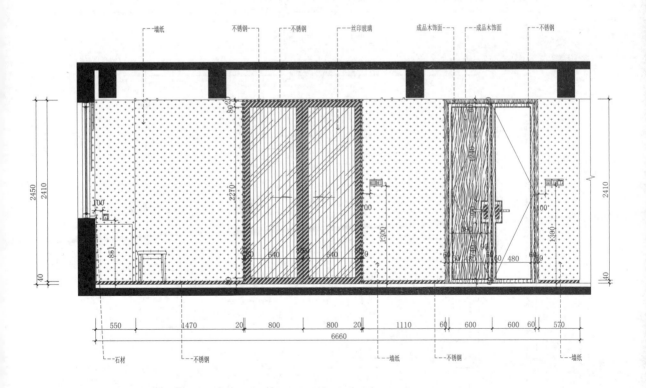

墙纸　　不锈钢　　不锈钢　　丝印玻璃　　成品木饰面　　成品木饰面　　不锈钢

石材　　不锈钢　　墙纸　　不锈钢　　墙纸

550　1470　20　800　800　20　1110　60　600　600　60　570
6660

三层衣帽间立面图

案例十一　活力美式

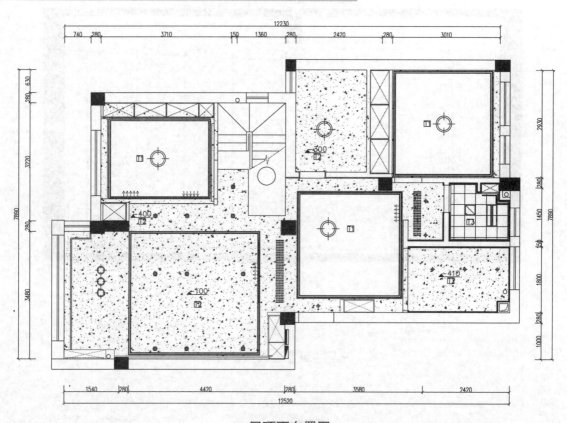

一层顶面布置图

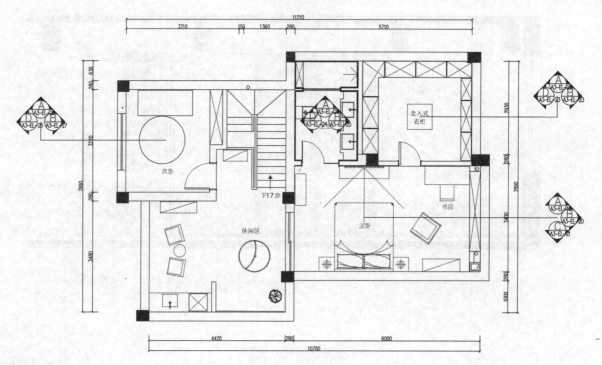

二层平面布置图

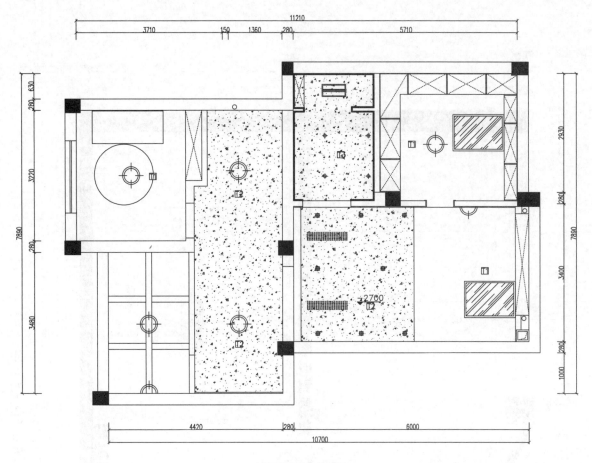

二层顶面布置图

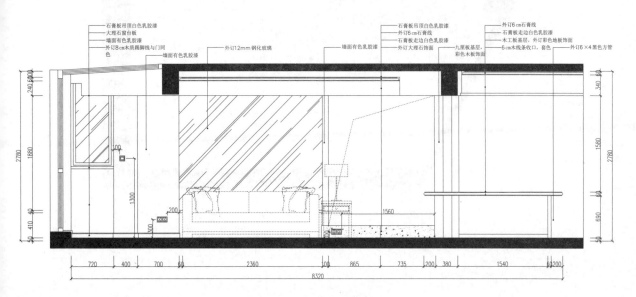

一层客厅/餐厅立面图（一）

一层客厅/餐厅立面图（二）

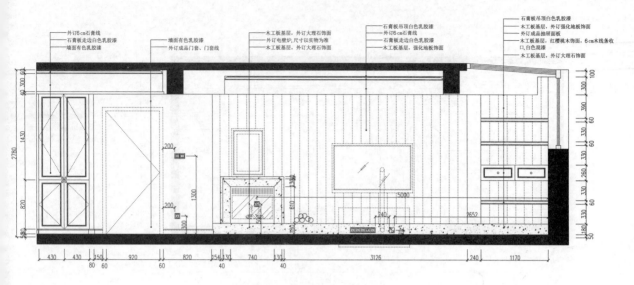

外订6cm石膏线
石膏板走边白色乳胶漆
墙面有色乳胶漆

墙面有色乳胶漆
外订成品门套、门套线

木工板基层，外订大理石饰面
外订电壁炉，尺寸以实物为准
木工板基层，外订大理石饰面

石膏板吊顶白色乳胶漆
外订6cm石膏线
石膏板走边白色乳胶漆
木工板基层，强化地板饰面

石膏板吊顶白色乳胶漆
木工板基层，外订强化地板饰面
外订成品抽屉面板
木工板基层，红樱桃木饰面，6cm木线条收口，白色混漆
木工板基层，外订大理石饰面

一层客厅 / 餐厅立面图（三）

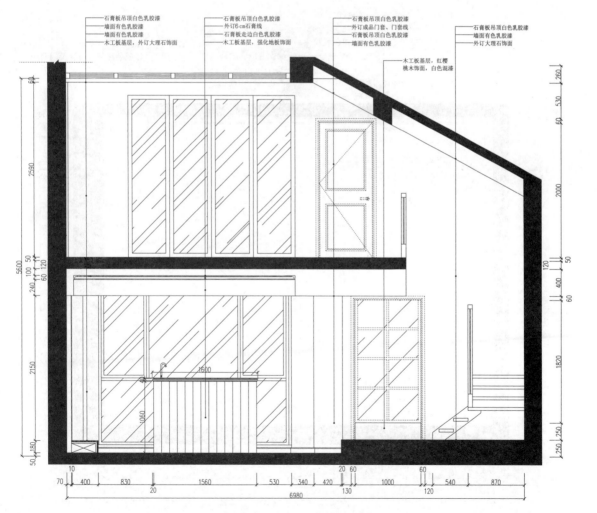

石膏板吊顶白色乳胶漆
墙面有色乳胶漆
墙面有色乳胶漆
木工板基层，外订大理石饰面

石膏板吊顶白色乳胶漆
外订6cm石膏线
石膏板走边白色乳胶漆
木工板基层，强化地板饰面

石膏板吊顶白色乳胶漆
外订成品门套、门套线
石膏板吊顶白色乳胶漆
墙面有色乳胶漆

木工板基层，红樱桃木饰面，白色混漆

石膏板吊顶白色乳胶漆
墙面有色乳胶漆
外订大理石饰面

一层客厅 / 餐厅立面图（四）

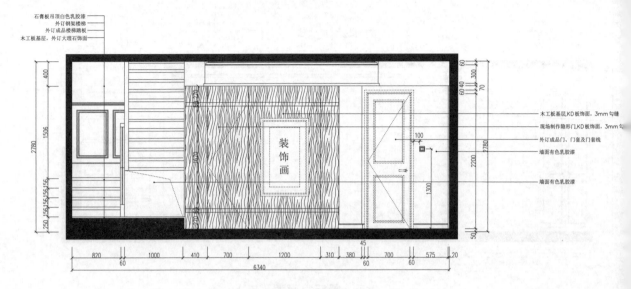

石膏板吊顶白色乳胶漆
外订钢架楼梯
外订成品楼梯踏板
木工板基层,外订大理石饰面

装饰画

木工板基层,KD板饰面,3mm勾缝
现场制作隐形门,KD板饰面,3mm勾缝
外订成品门、门套及门套线
墙面有色乳胶漆

墙面有色乳胶漆

一层餐厅立面图（一）

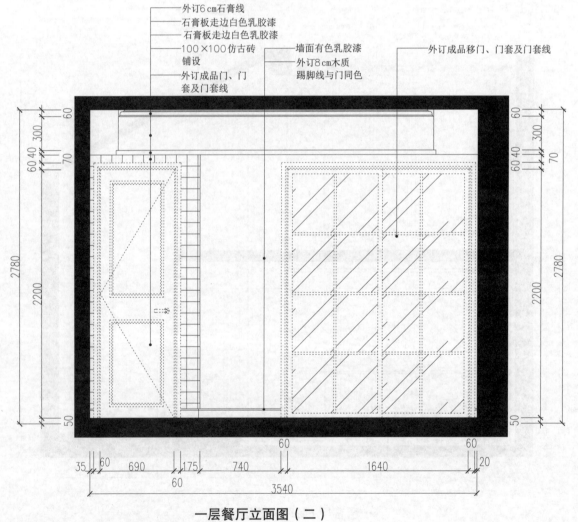

外订6cm石膏线
石膏板走边白色乳胶漆
石膏板走边白色乳胶漆
100×100仿古砖
铺设
外订成品门、门
套及门套线

墙面有色乳胶漆
外订8cm木质
踢脚线与门同色

外订成品移门、门套及门套线

一层餐厅立面图（二）

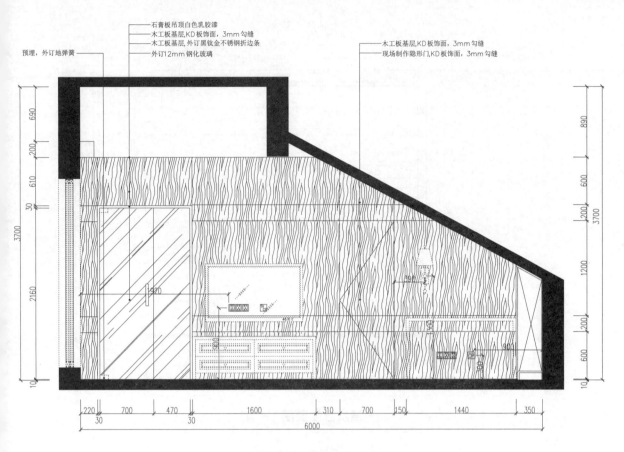

石膏板吊顶白色乳胶漆
木工板基层,KD板饰面,3mm勾缝
木工板基层,外订黑钛金不锈钢折边条
外订12mm钢化玻璃

预埋,外订地弹簧

木工板基层,KD板饰面,3mm勾缝
现场制作隐形门,KD板饰面,3mm勾缝

二层主卧立面图（一）

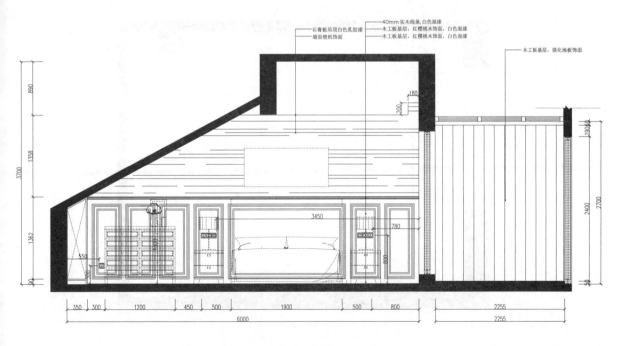

石膏板吊顶白色乳胶漆
墙面壁纸饰面

40mm实木线条,白色混漆
木工板基层,红樱桃木饰面,白色混漆
木工板基层,红樱桃木饰面,白色混漆

木工板基层,强化地板饰面

二层主卧立面图（二）

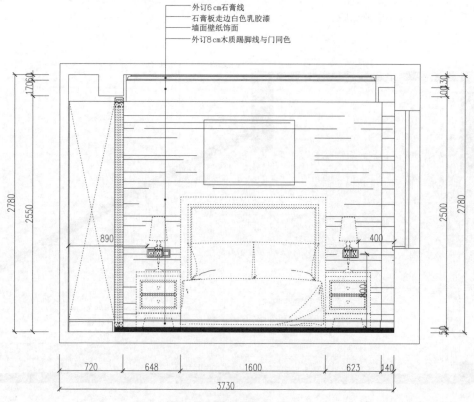

外订6cm石膏线
石膏板走边白色乳胶漆
墙面壁纸饰面
外订8cm木质踢脚线与门同色

一层次卧立面图（一）

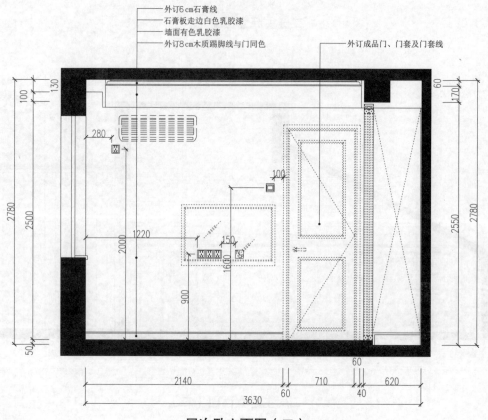

外订6cm石膏线
石膏板走边白色乳胶漆
墙面有色乳胶漆
外订8cm木质踢脚线与门同色

外订成品门、门套及门套线

一层次卧立面图（二）

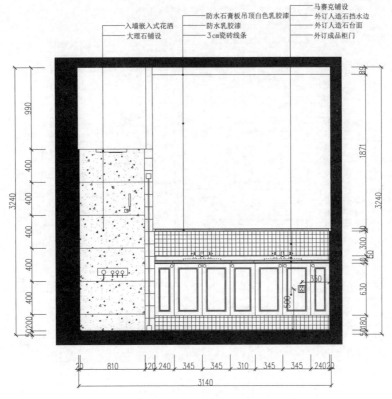

马赛克铺设
外订人造石挡水边
外订人造石台面
外订成品柜门

入墙嵌入式花洒
大理石铺设

防水石膏板吊顶白色乳胶漆
防水乳胶漆
3cm瓷砖线条

二层主卫立面图（一）

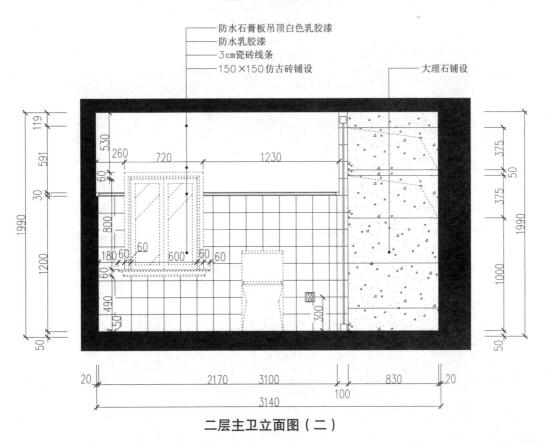

防水石膏板吊顶白色乳胶漆
防水乳胶漆
3cm瓷砖线条
150×150仿古砖铺设

大理石铺设

二层主卫立面图（二）

案例十二　法式新贵

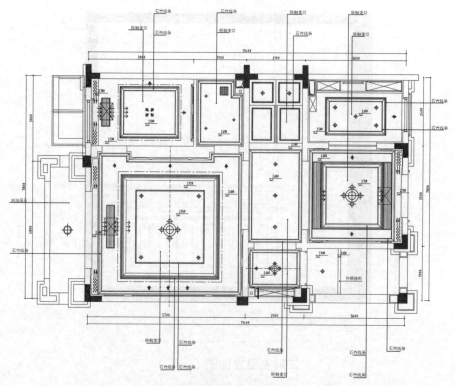

一层顶面布置图

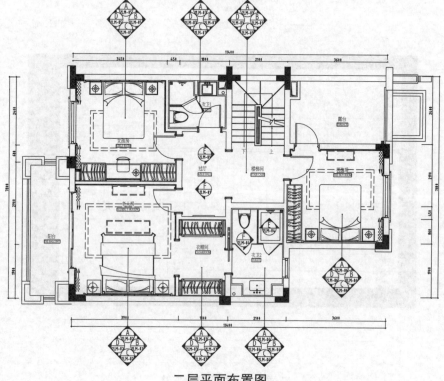

二层平面布置图

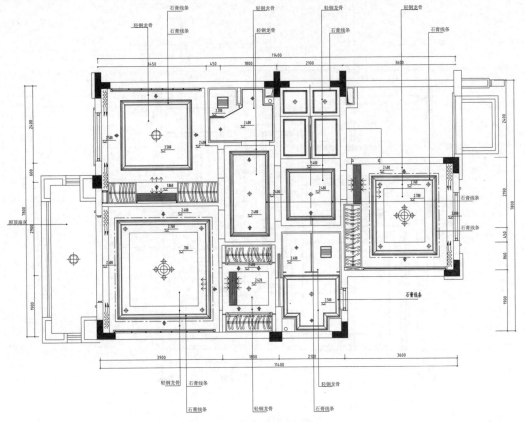

二层顶面布置图

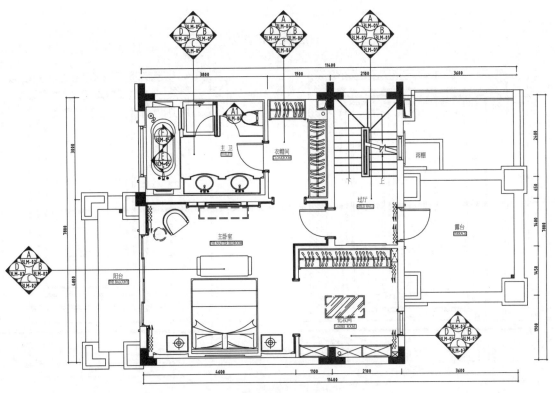

三层平面布置图

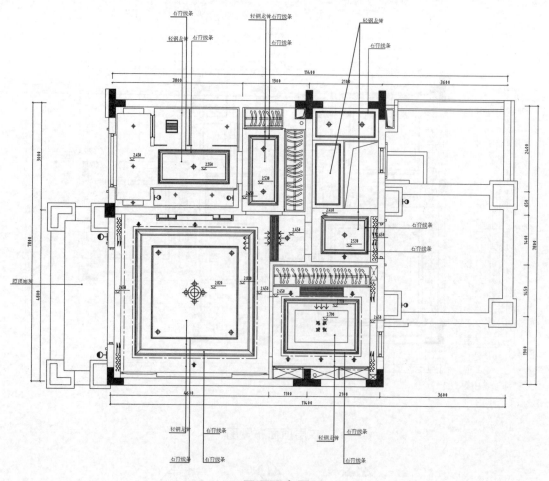

三层顶面布置图

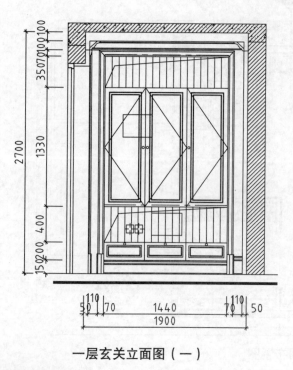

一层玄关立面图（一）

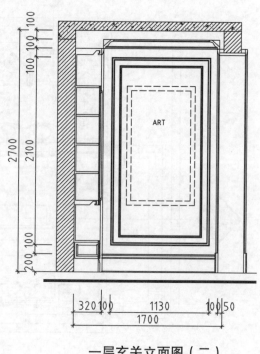

一层玄关立面图（二）

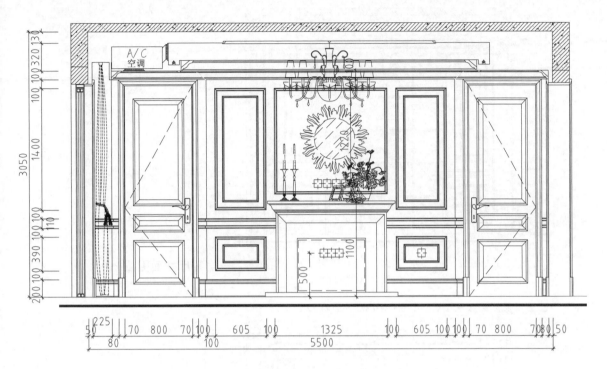

一层客厅立面图（一）

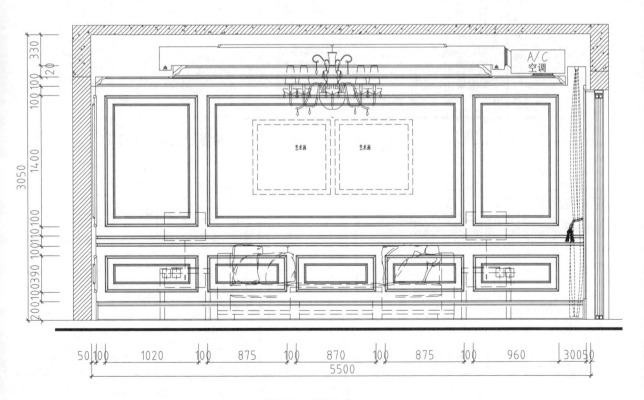

一层客厅立面图（二）

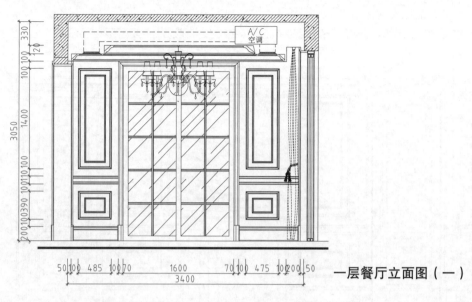

一层餐厅立面图（一）

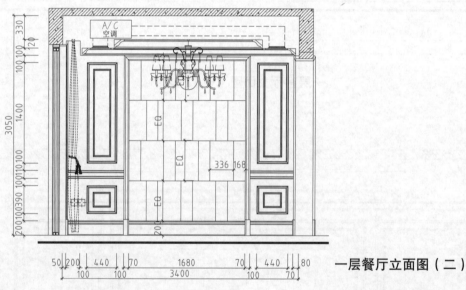

一层餐厅立面图（二）

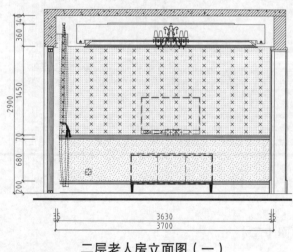

二层老人房立面图（一）

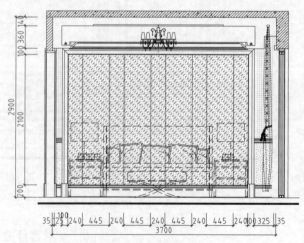

二层老人房立面图（二）

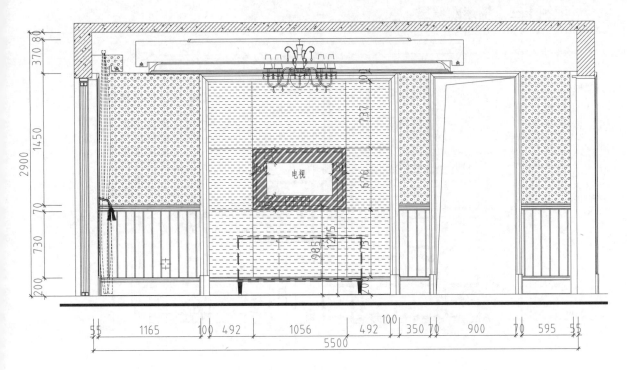

三层主卧室立面图（一）

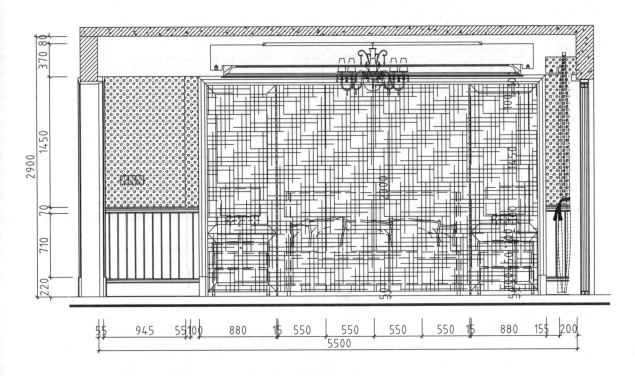

三层主卧室立面图（二）

案例十三　情迷欧罗巴

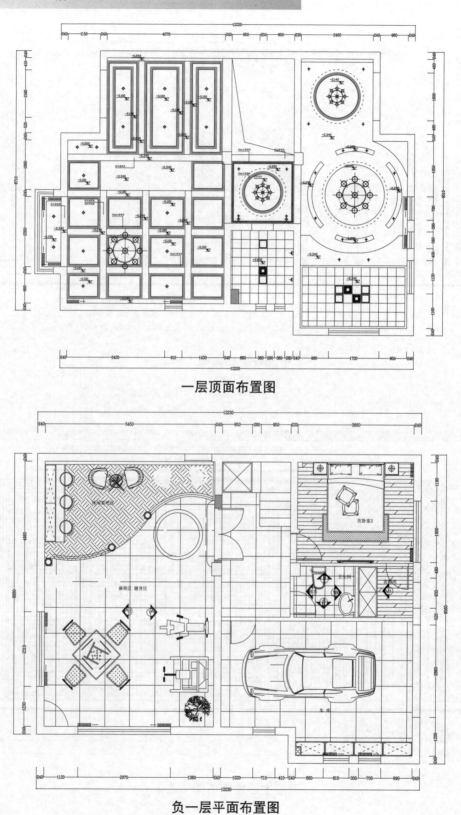

一层顶面布置图

负一层平面布置图

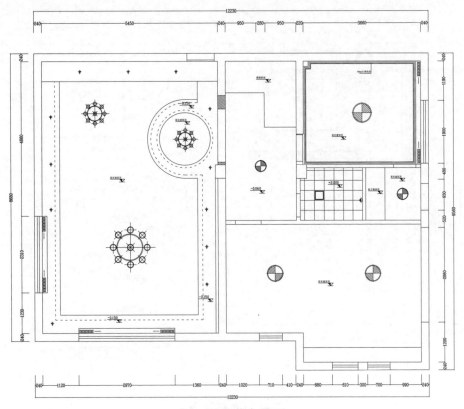

负一层顶面布置图

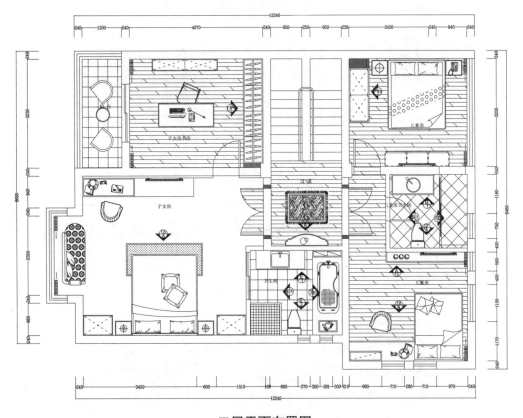

二层平面布置图

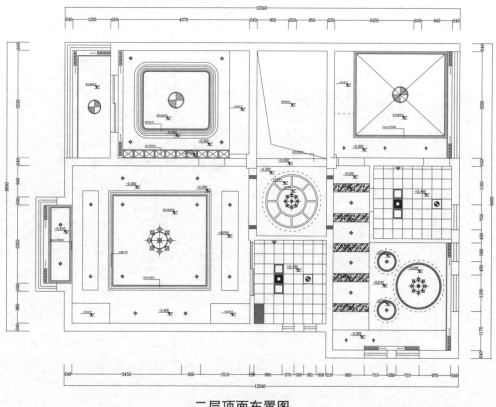

二层顶面布置图

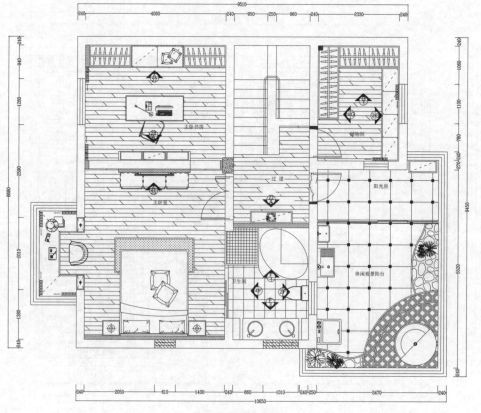

三层平面布置图

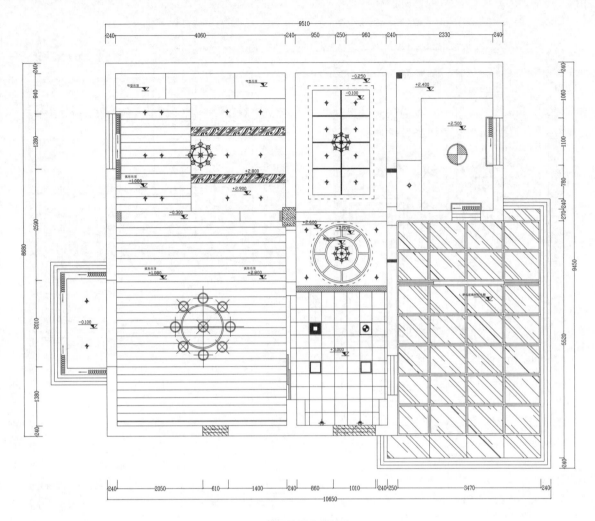

三层顶面布置图

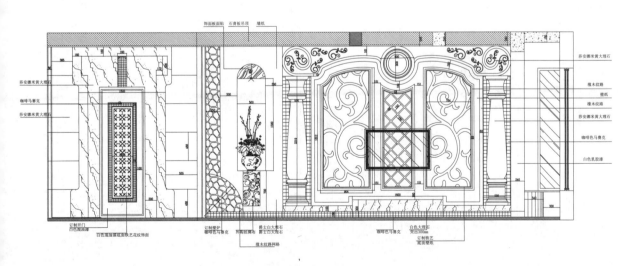

一层客厅立面图（一）

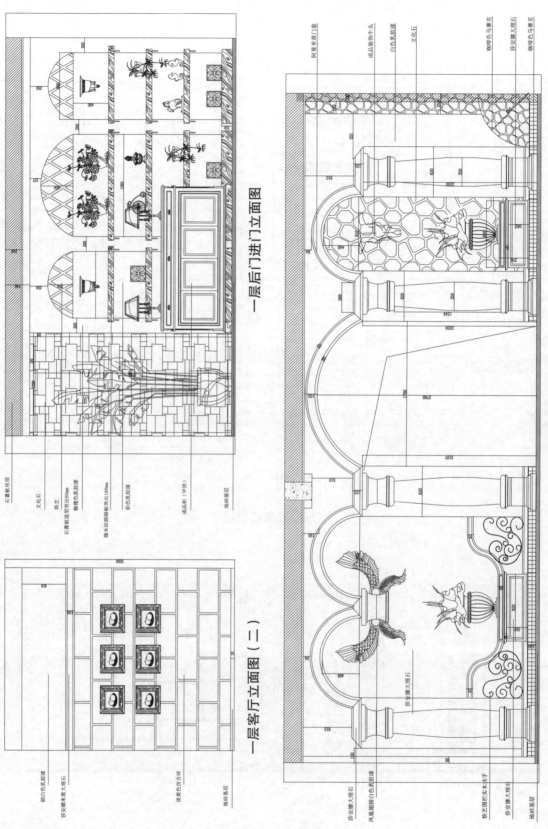

一层后门进门立面图

一层过道立面图

一层客厅立面图（二）

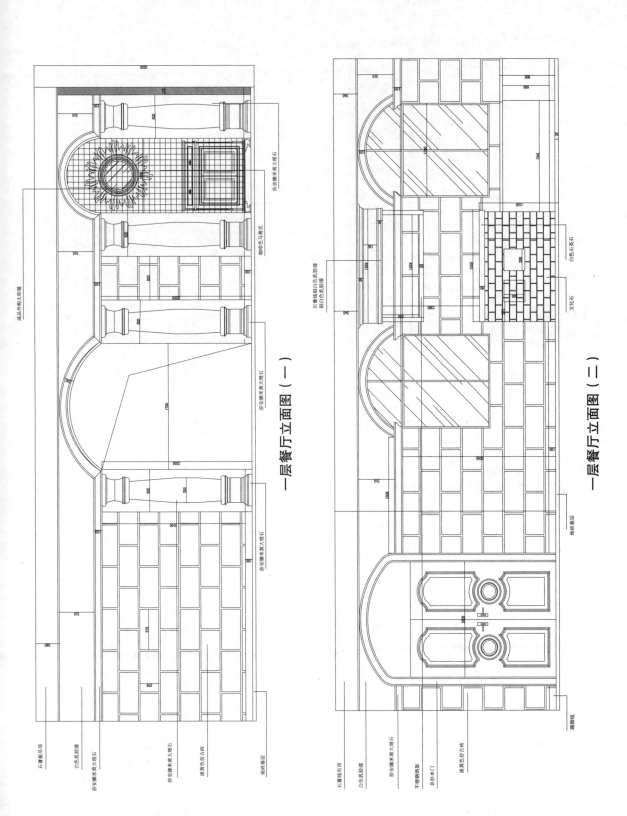

一层餐厅立面图（一）

一层餐厅立面图（二）

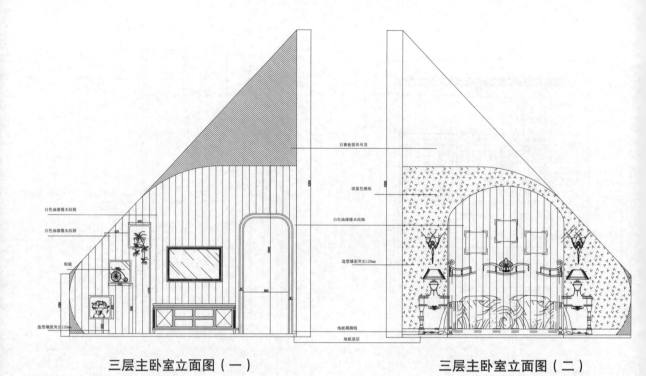

石膏板弧形吊顶

淡蓝色壁纸

白色油漆橡木纹路

白色油漆橡木纹路

造型墙面突出120mm

白色油漆橡木纹路

镜框

地板踢脚线

造型墙面突出120mm

地板基层

三层主卧室立面图（一）　　　　　　三层主卧室立面图（二）

白色乳胶漆

淡蓝色壁纸

白色混油漆

白色乳胶漆

淡蓝色壁纸

淡蓝色软包

白色混油漆

白色油漆橡木纹路

地板踢脚线

地板基层

三层书房立面图（一）　　　　　　三层书房立面图（二）

案例十四　追溯华美

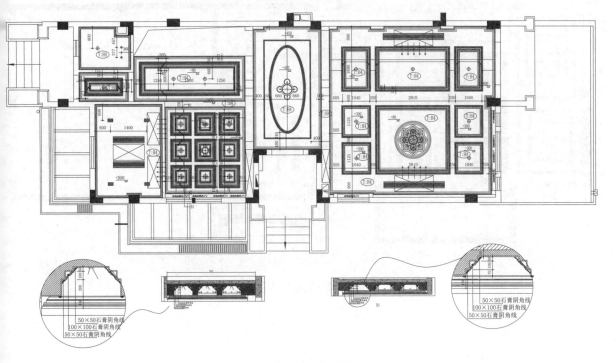

一层顶面布置图

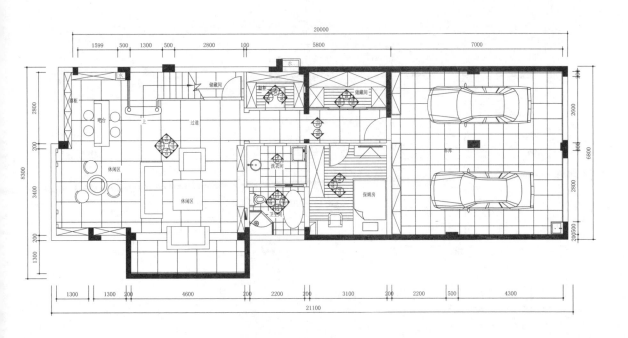

负一层平面布置图

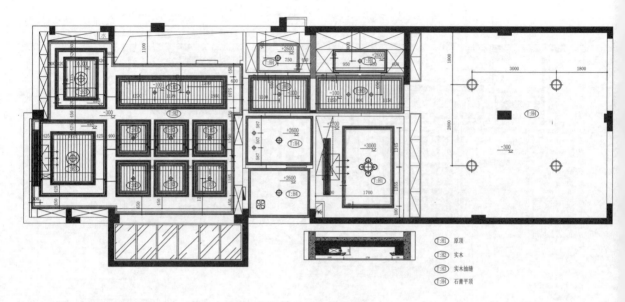

负一层顶面布置图

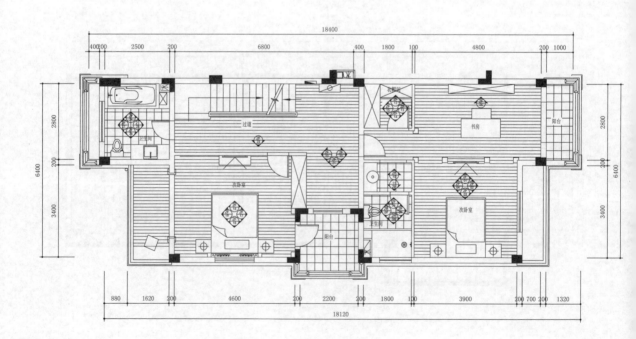

二层平面布置图

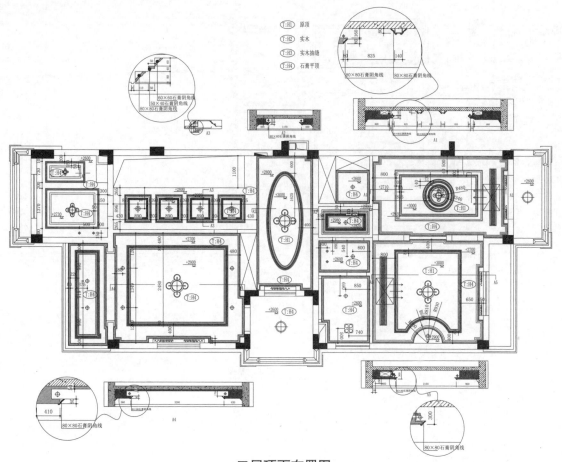

二层顶面布置图

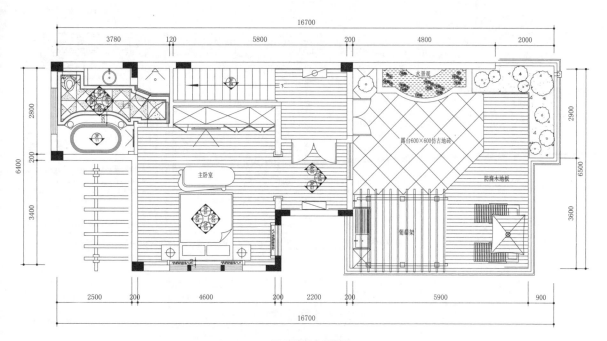

三层平面布置图

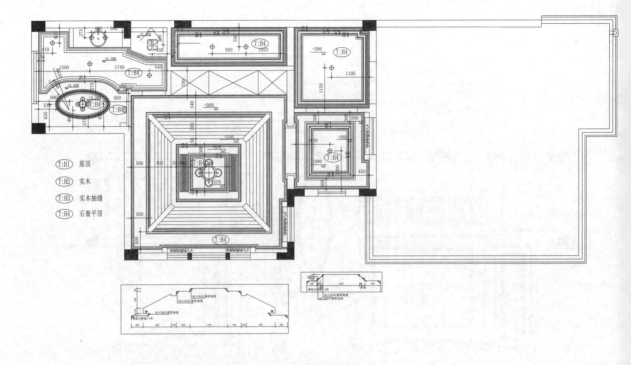

T:H1　原顶
T:H2　实木
T:H3　实木抽缝
T:H4　石膏平顶

三层顶面布置图

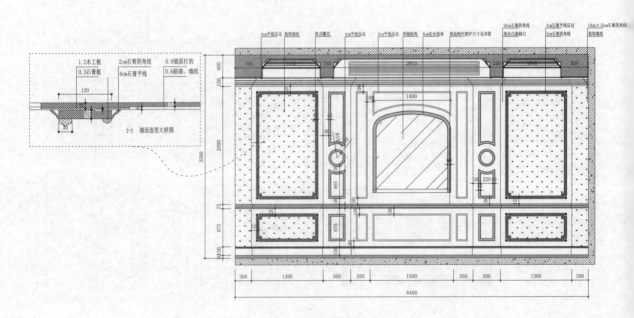

一层大厅立面图（一）

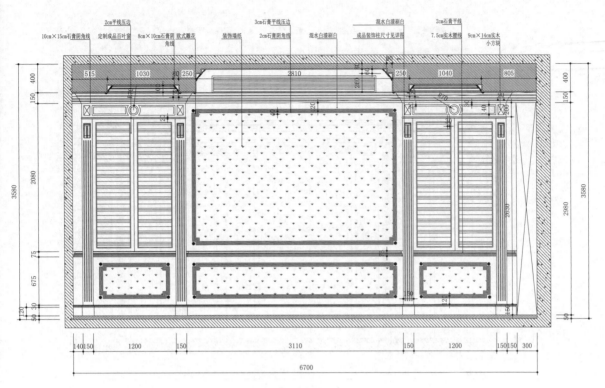

一层大厅立面图（二）

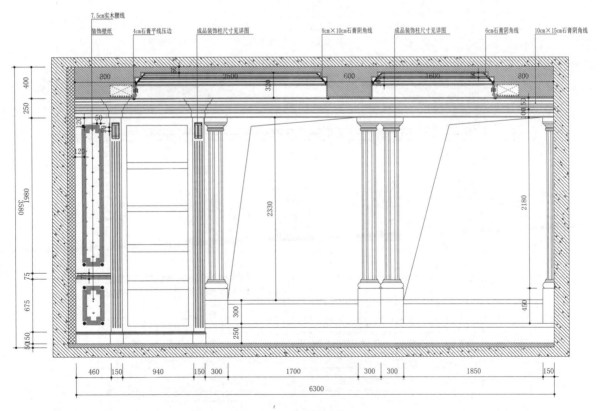

一层大厅立面图（三）

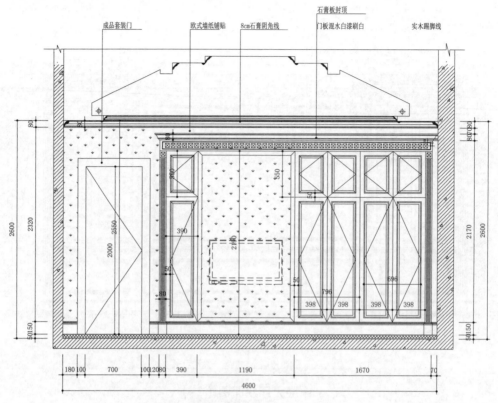

三层主卧室立面图（一）

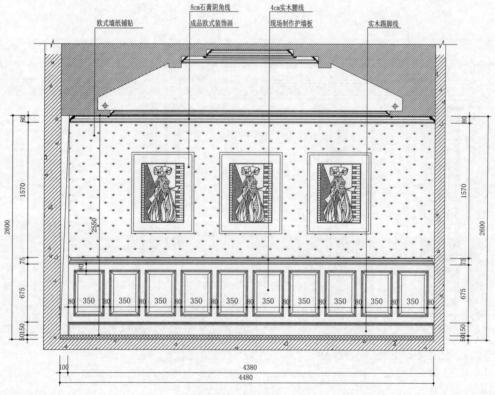

三层主卧室立面图（二）

案例十五　低调华丽

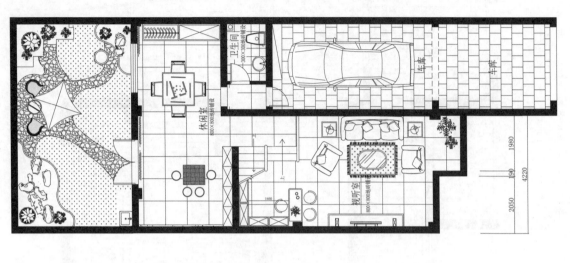

负一层平面布置图

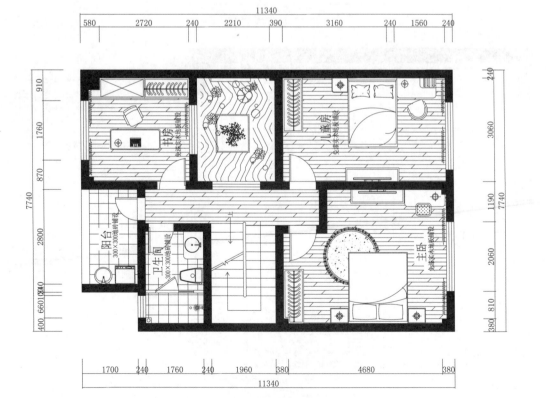

二层平面布置图

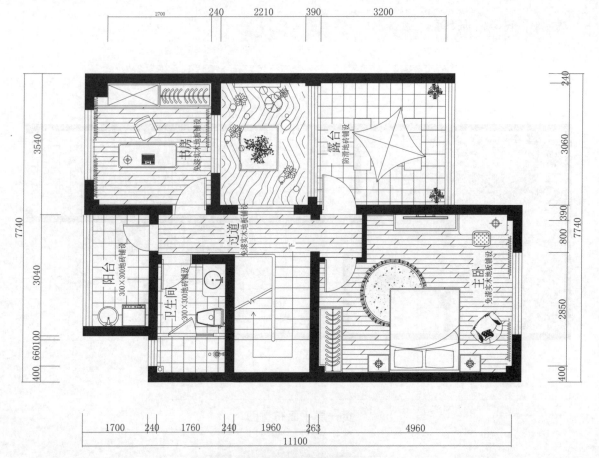

三层平面布置图

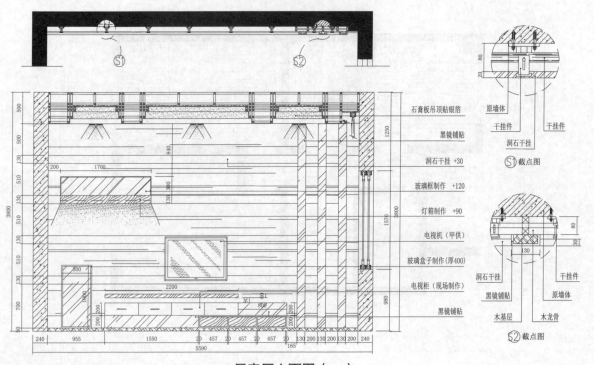

一层客厅立面图（一）

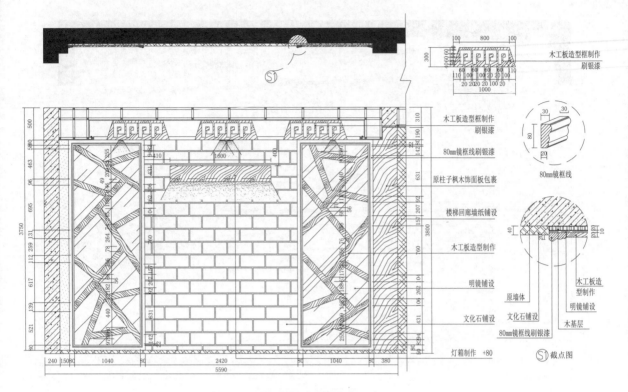

木工板造型框制作
刷银漆

木工板造型框制作
刷银漆

80mm镜框线刷银漆

原柱子枫木饰面板包裹

楼梯回廊墙纸铺设

木工板造型制作

明镜铺设

文化石铺设

80mm镜框线

原墙体

文化石铺设

80mm镜框线刷银漆

木工板造型制作

明镜铺设

木基层

S1 截点图

灯箱制作 +80

一层客厅立面图（二）

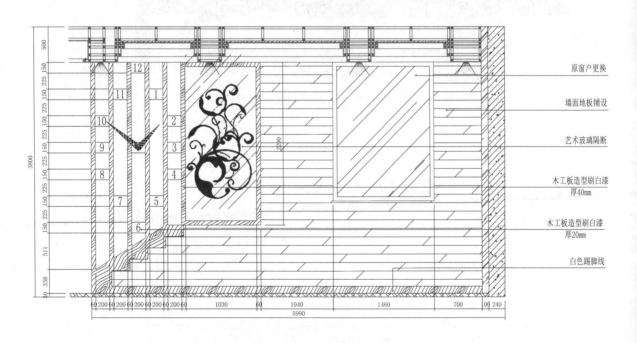

原窗户更换

墙面地板铺设

艺术玻璃隔断

木工板造型刷白漆
厚40mm

木工板造型刷白漆
厚20mm

白色踢脚线

一层客厅楼梯隔断立面图

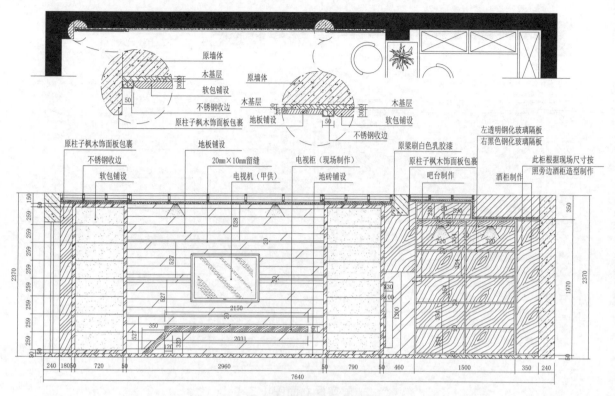

负一层视听室 / 休闲室立面图

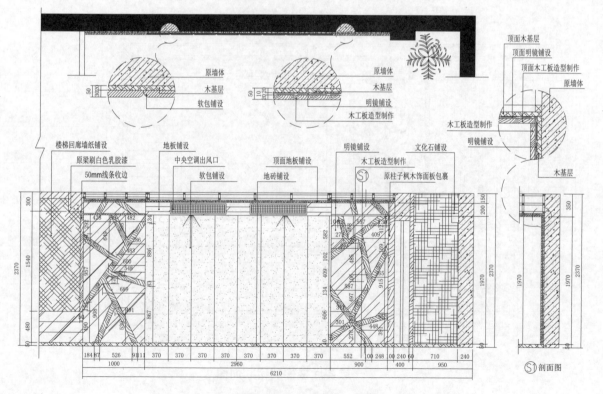

负一层休闲室 / 视听室立面图

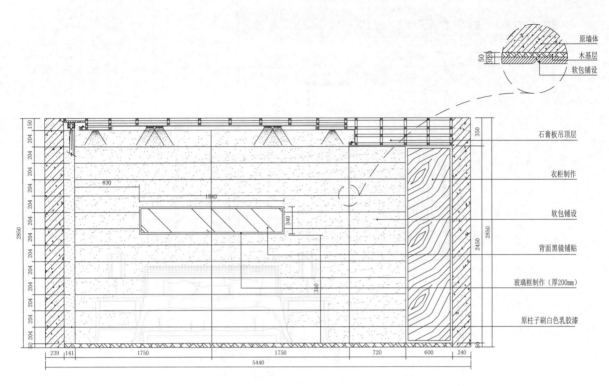

原墙体
木基层
软包铺设

石膏板吊顶层

衣柜制作

软包铺设

背面黑镜铺贴

玻璃框制作（厚200mm）

原柱子刷白色乳胶漆

二层主卧立面图

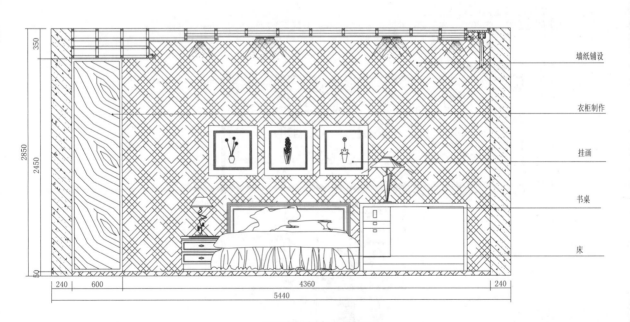

墙纸铺设

衣柜制作

挂画

书桌

床

二层儿童房立面图

案例十六　自由乡村

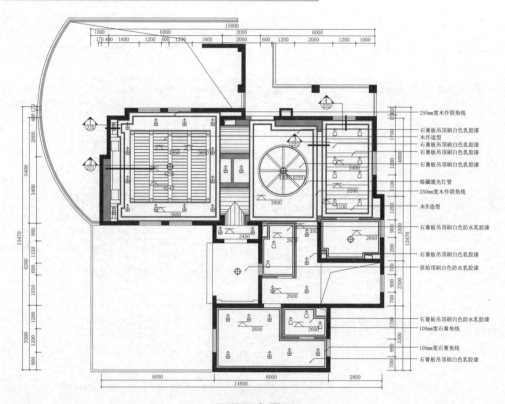

一层顶面布置图

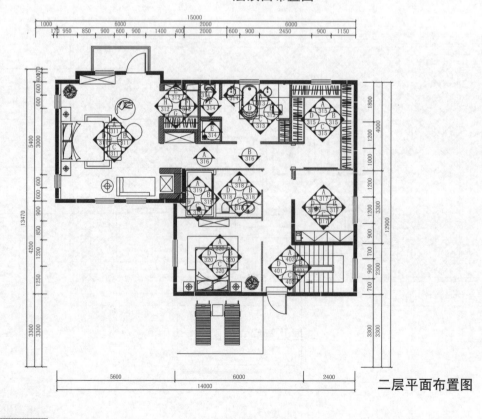

二层平面布置图

木作造型
100mm宽石膏角线
石膏板吊顶刷白色防水乳胶漆
木作造型

石膏板吊顶刷白色乳胶漆
石膏板吊顶刷白色乳胶漆
100mm宽石膏角线

石膏板吊顶刷白色乳胶漆
石膏板吊顶刷白色防水乳胶漆
石膏板吊顶刷白色乳胶漆
100mm宽石膏角线

石膏板吊顶刷白色乳胶漆

暗藏暖光灯管
100mm宽石膏角线

石膏板吊顶刷白色乳胶漆
80mm宽石膏角线

二层顶面布置图

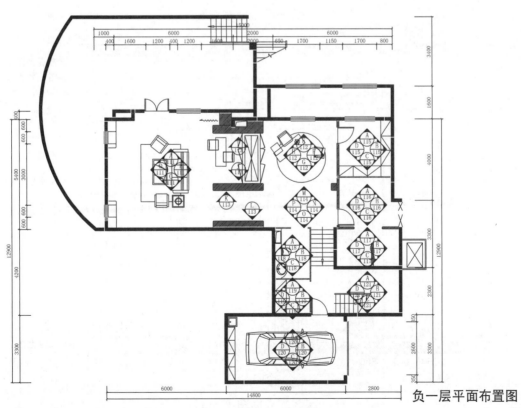

负一层平面布置图

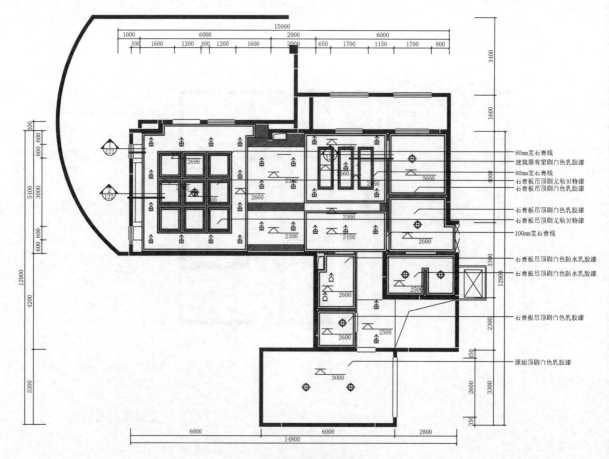

负一层顶面布置图

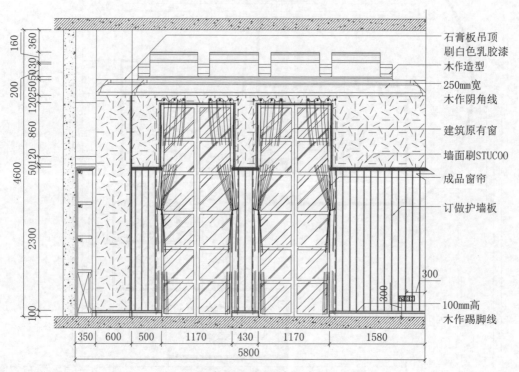

一层客厅立面图（一）

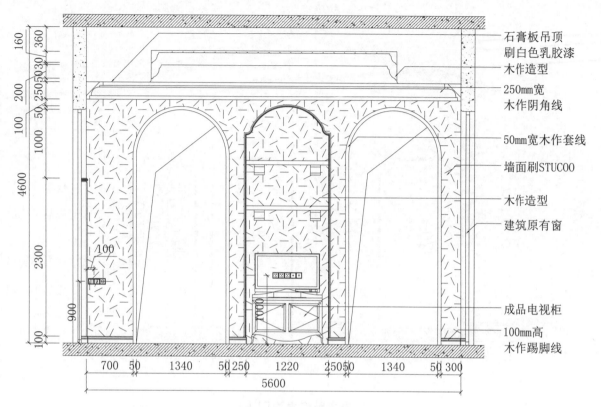

石膏板吊顶
刷白色乳胶漆
木作造型
250mm宽
木作阴角线
50mm宽木作套线
墙面刷STUCOO
木作造型
建筑原有窗
成品电视柜
100mm高
木作踢脚线

一层客厅立面图（二）

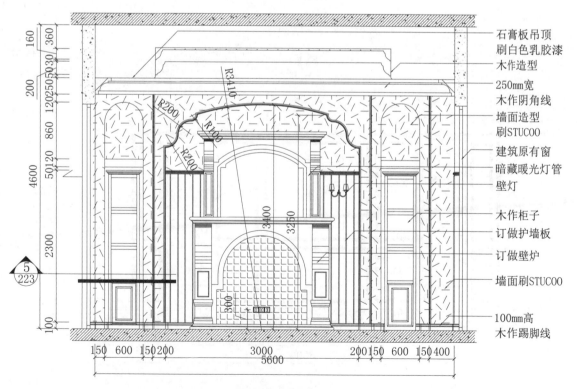

石膏板吊顶
刷白色乳胶漆
木作造型
250mm宽
木作阴角线
墙面造型
刷STUCOO
建筑原有窗
暗藏暖光灯管
壁灯
木作柜子
订做护墙板
订做壁炉
墙面刷STUCOO
100mm高
木作踢脚线

一层客厅立面图（三）

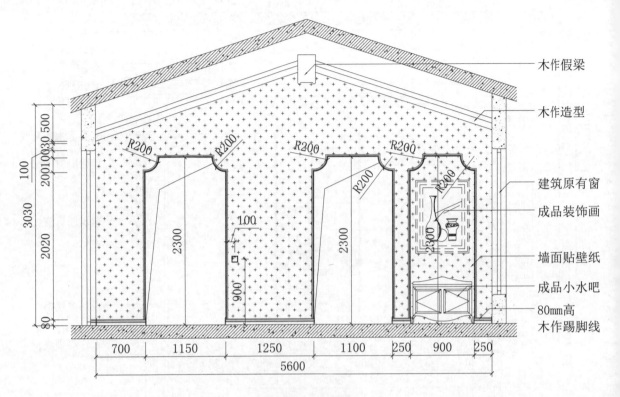

木作假梁
木作造型
建筑原有窗
成品装饰画
墙面贴壁纸
成品小水吧
80mm高
木作踢脚线

二层主卧室立面图（一）

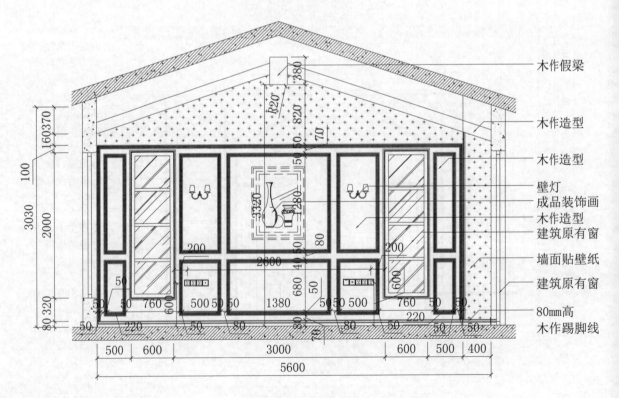

木作假梁
木作造型
木作造型
壁灯
成品装饰画
木作造型
建筑原有窗
墙面贴壁纸
建筑原有窗
80mm高
木作踢脚线

二层主卧室立面图（二）

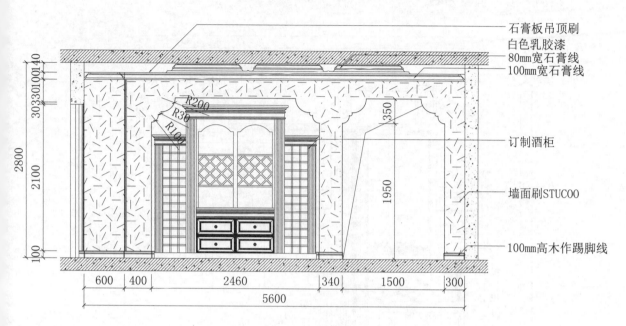

石膏板吊顶刷
白色乳胶漆
80mm宽石膏线
100mm宽石膏线

订制酒柜

墙面刷STUCOO

100mm高木作踢脚线

负一层影音室立面图（一）

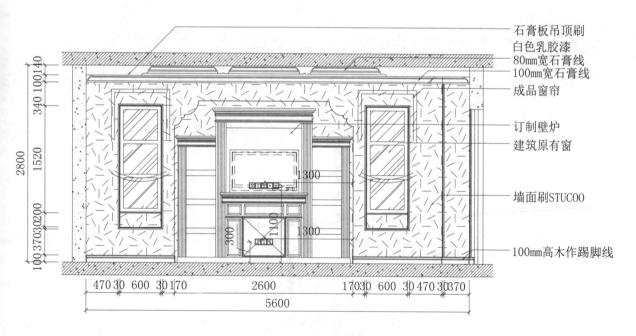

石膏板吊顶刷
白色乳胶漆
80mm宽石膏线
100mm宽石膏线
成品窗帘

订制壁炉
建筑原有窗

墙面刷STUCOO

100mm高木作踢脚线

负一层影音室立面图（二）

案例十七　荷塘月色

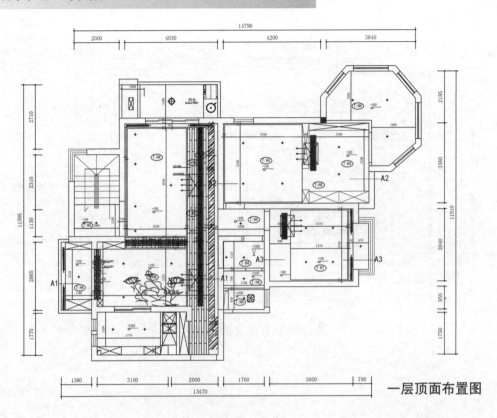

一层顶面布置图

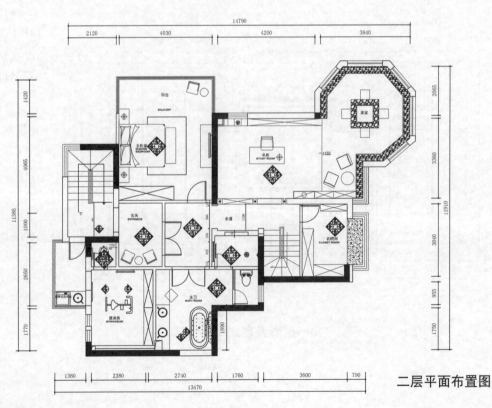

二层平面布置图

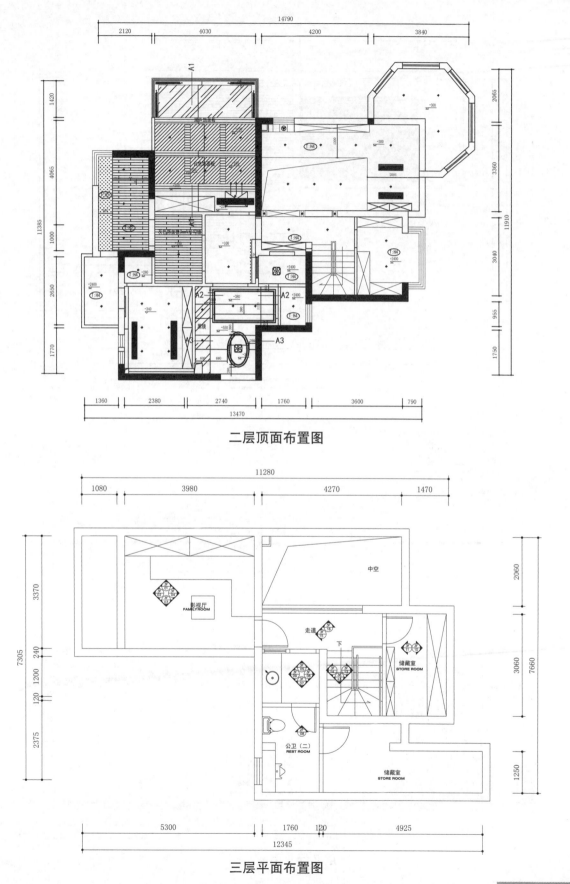

二层顶面布置图

三层平面布置图

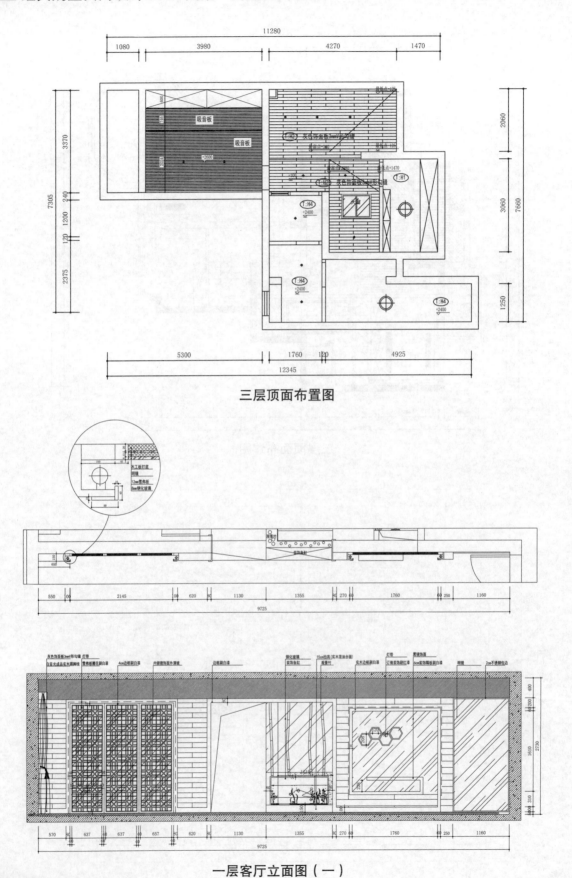

三层顶面布置图

一层客厅立面图（一）

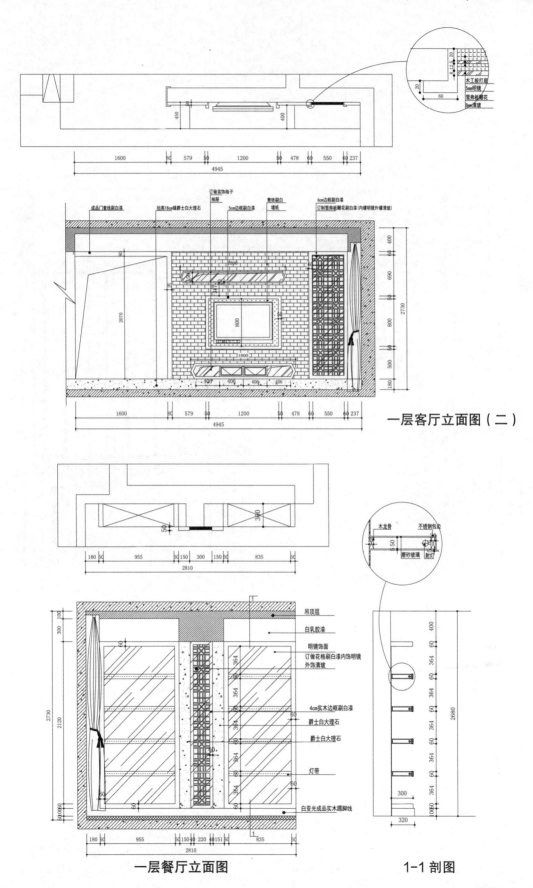

木工板打底
5mm明镜
雪弗板雕花
8mm清玻

成品门套线刷白漆　　抬高18cm铺爵士白大理石　　订做装饰格子　抽屉　　青砖刷白　墙纸　　6cm边框刷白漆
订做雪弗板雕花刷白漆(内镶明镜外镶清玻)

5cm边框刷白漆

一层客厅立面图（二）

木龙骨　　不锈钢包边
磨砂玻璃　射灯

吊顶层
白乳胶漆
明镜饰面
订做花格刷白漆内饰明镜
外饰清玻
4cm实木边框刷白漆
爵士白大理石
爵士白大理石
灯带
白亚光成品实木踢脚线

一层餐厅立面图　　　　　　**1-1剖图**

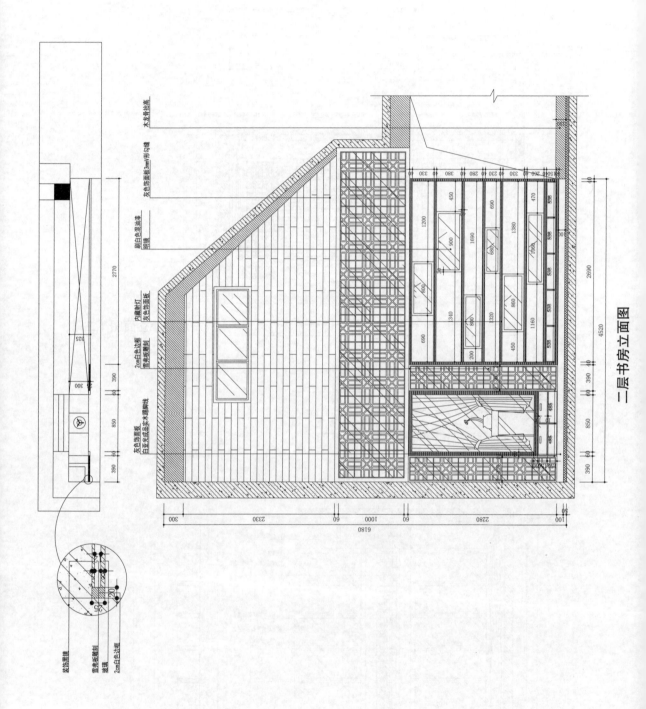

二层书房立面图

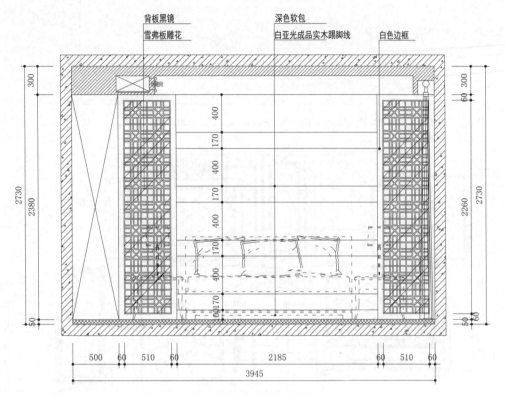

背板黑镜
雪弗板雕花

深色软包
白亚光成品实木踢脚线

白色边框

二层主卧室立面图

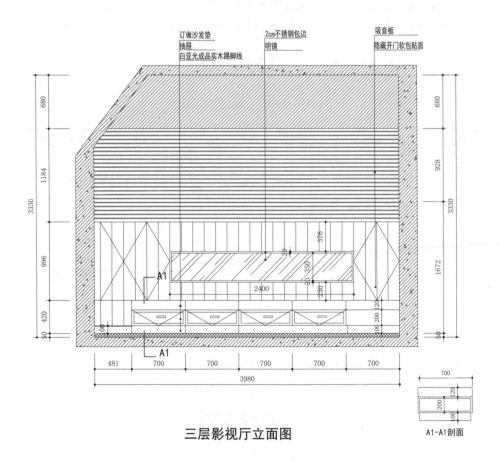

订做沙发垫
抽屉
白亚光成品实木踢脚线

2cm不锈钢包边
明镜

吸音板
隐藏开门软包贴面

三层影视厅立面图

A1-A1剖面

案例十八　流金岁月

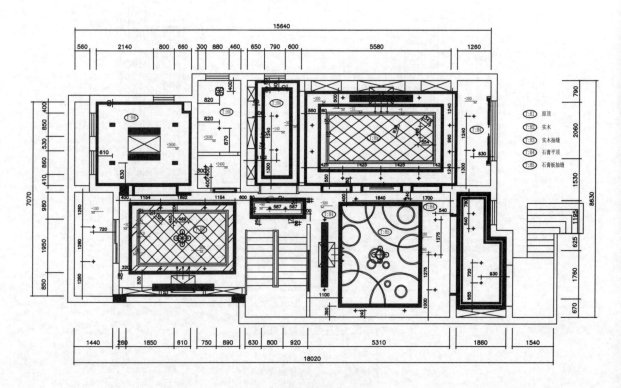

一层顶面布置图

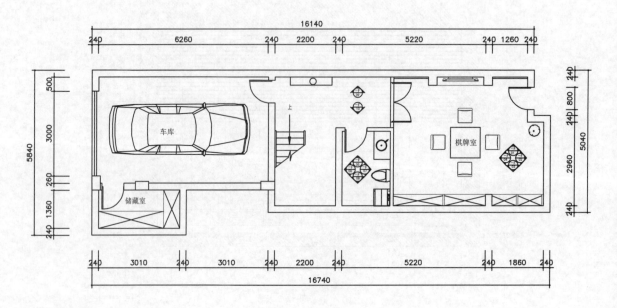

负一层平面布置图

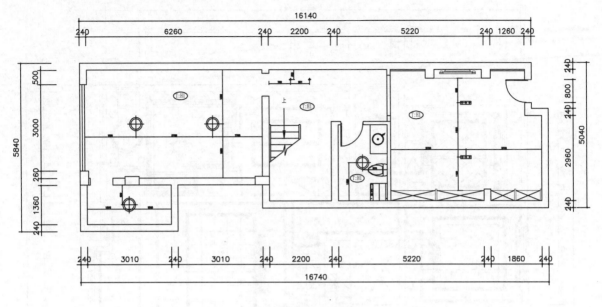

负一层顶面布置图

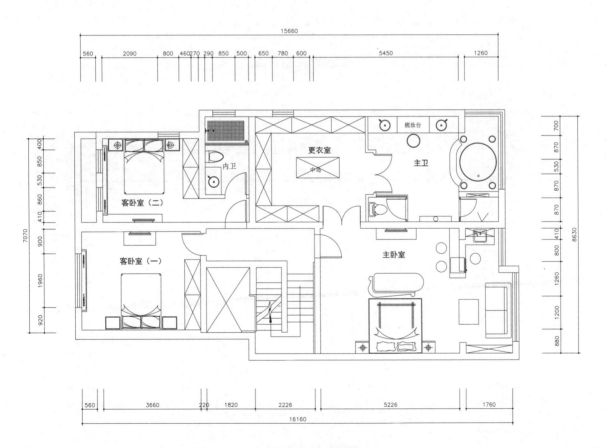

二层平面布置图

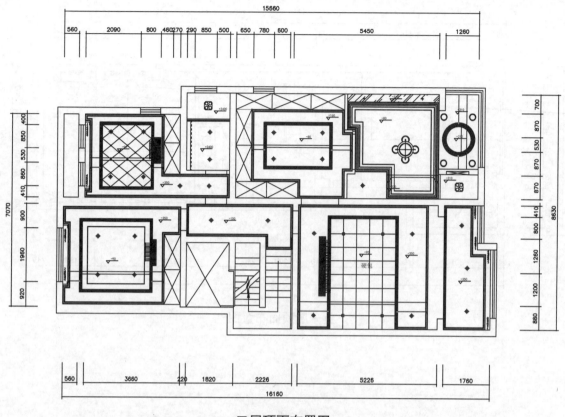

二层顶面布置图

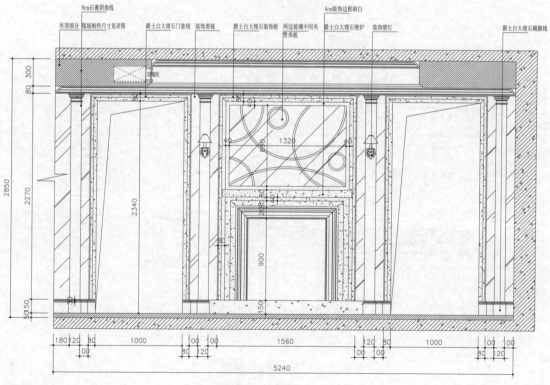

一层客厅立面图（一）

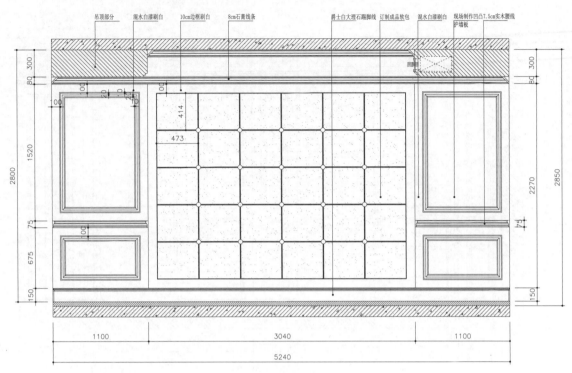

一层客厅立面图（二）

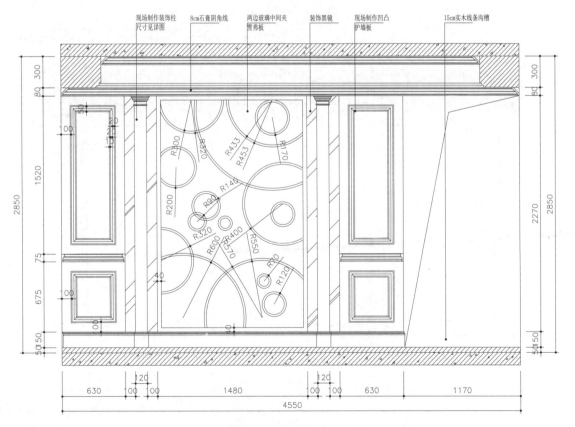

一层客厅立面图（三）

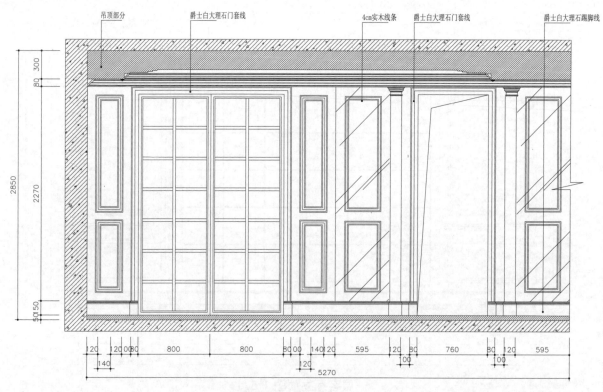

吊顶部分　　爵士白大理石门套线　　4cm实木线条　爵士白大理石门套线　　爵士白大理石踢脚线

一层餐厅立面图（一）

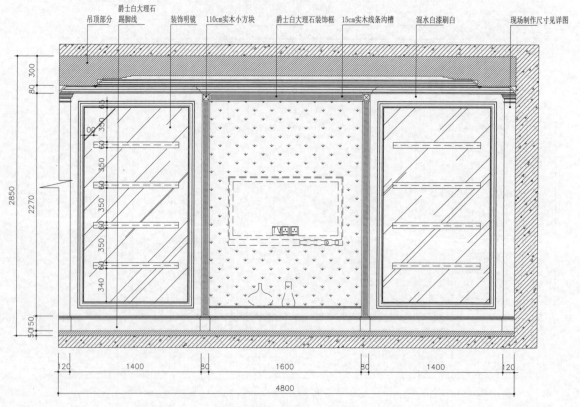

吊顶部分　爵士白大理石踢脚线　装饰明镜　110cm实木小方块　爵士白大理石装饰框　15cm实木线条沟槽　混水白漆刷白　现场制作尺寸见详图

一层餐厅立面图（二）

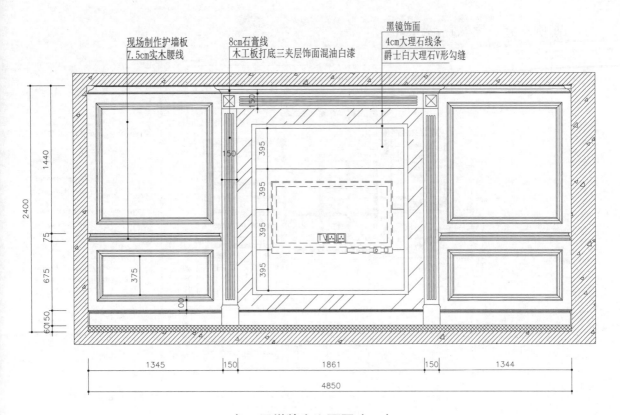

负一层棋牌室立面图（一）

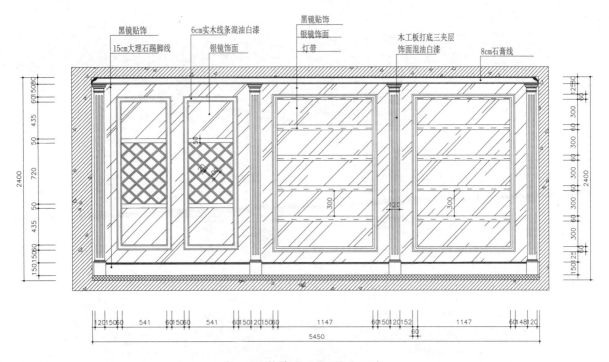

负一层棋牌室立面图（二）

案例十九　原味托斯卡纳

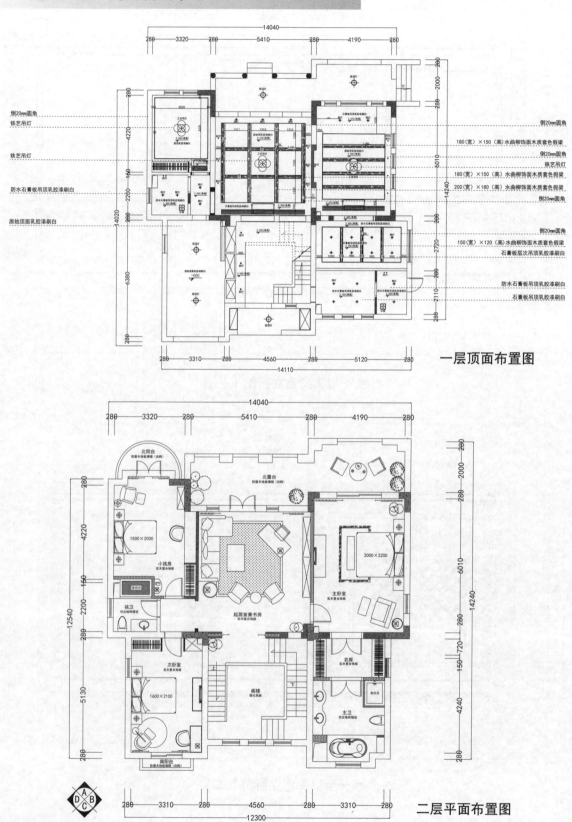

一层顶面布置图

二层平面布置图

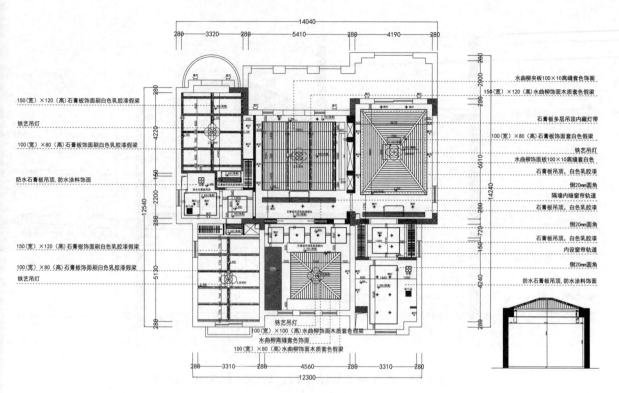

二层顶面布置图

主卧A吊顶大样图面

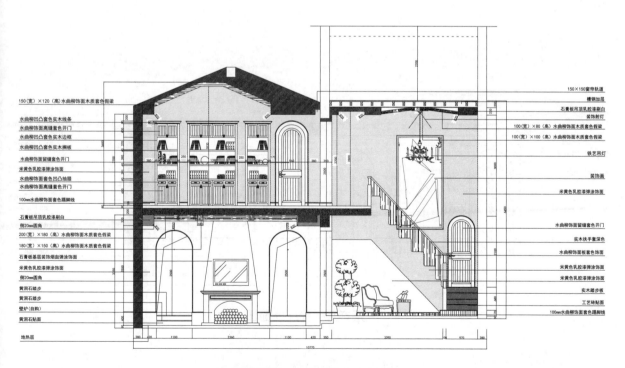

一层客厅及二层起居室立面图

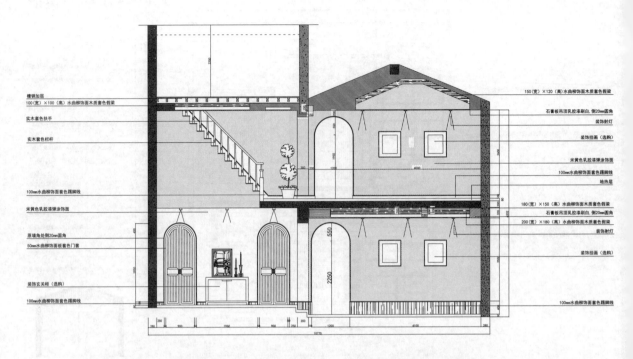

一层玄关、客厅及二层楼梯口、过道、起居室立面图

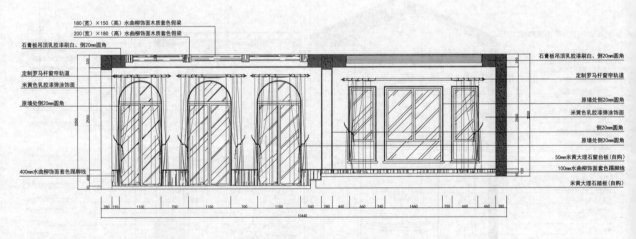

一层客厅／餐厅立面图

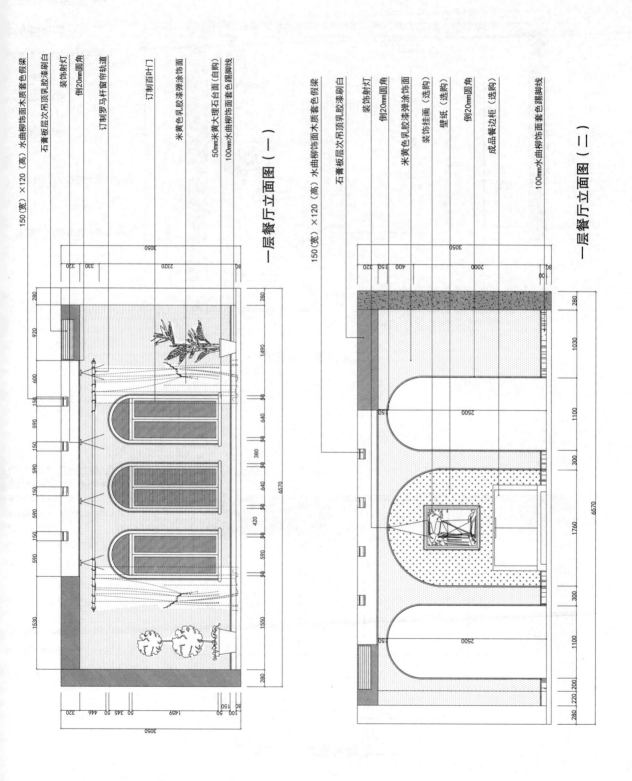

150（宽）×120（高）水曲柳饰面木质套色假梁

石膏板层次吊顶乳胶漆刷白

装饰射灯

倒20mm圆角

订制罗马杆窗帘轨道

订制百叶门

米黄色乳胶漆弹涂饰面

50mm米黄大理石台面（自购）

100mm水曲柳饰面套色踢脚线

一层餐厅立面图（一）

150（宽）×120（高）水曲柳饰面木质套色假梁

石膏板层次吊顶乳胶漆刷白

装饰射灯

倒20mm圆角

米黄色乳胶漆弹涂饰面

装饰挂画（选购）

壁纸（选购）

倒20mm圆角

成品餐边柜（选购）

100mm水曲柳饰面套色踢脚线

一层餐厅立面图（二）

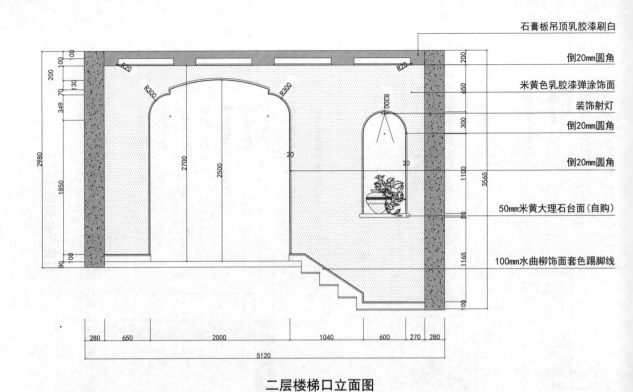

石膏板吊顶乳胶漆刷白

倒20mm圆角

米黄色乳胶漆弹涂饰面

装饰射灯

倒20mm圆角

倒20mm圆角

50mm米黄大理石台面（自购）

100mm水曲柳饰面套色踢脚线

二层楼梯口立面图

150（宽）×120（高）水曲柳饰面木质套色假梁

水曲柳夹板100×10离缝套色饰面

150（宽）×120（高）水曲柳饰面木质套色假梁

石膏板吊顶乳胶漆刷白、倒20mm圆角

中央空调位置

石膏板吊顶乳胶漆刷白、倒20mm圆角

80mm水曲柳饰面套色门套

水曲柳饰面留缝套色开门

米黄色乳胶漆弹涂饰面

50mm米黄大理石台面（自购）

100mm水曲柳饰面套色踢脚线

二层起居室兼书房立面图

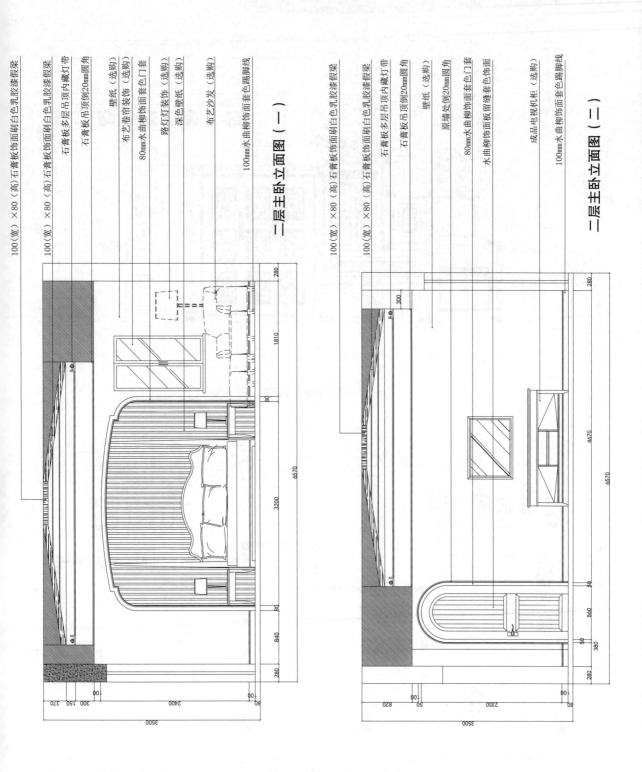

100（宽）×80（高）石膏板饰面面刷白色乳胶漆假梁

100（宽）×80（高）石膏板饰面面刷白色乳胶漆假梁

石膏板多层吊顶内藏灯带

石膏板吊顶顶倒20mm圆角

壁纸（选购）

布艺卷帘装饰（选购）

80mm水曲柳饰面套色门套

路灯灯装饰（选购）

深色壁纸（选购）

布艺沙发（选购）

100mm水曲柳饰面套色踢脚线

二层主卧立面图（一）

100（宽）×80（高）石膏板饰面面刷白色乳胶漆假梁

100（宽）×80（高）石膏板饰面面刷白色乳胶漆假梁

石膏板多层吊顶内藏灯带

石膏板吊顶顶倒20mm圆角

壁纸（选购）

原墙处倒20mm圆角

80mm水曲柳饰面套色门套

水曲柳饰面板留缝套色饰面

成品电视机柜（选购）

100mm水曲柳饰面套色踢脚线

二层主卧立面图（二）

案例二十　怡静

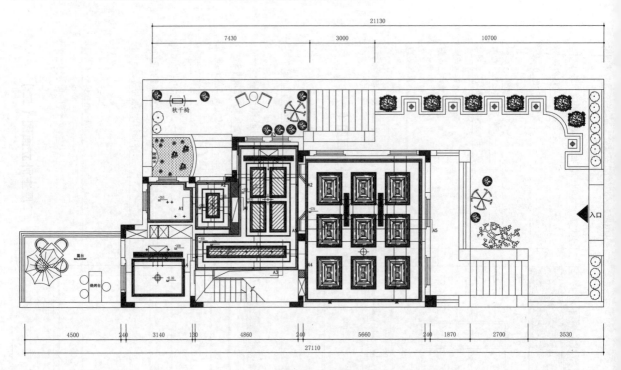

一层顶面布置图

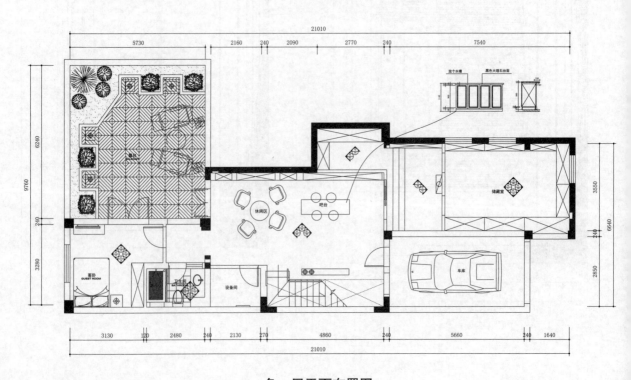

负一层平面布置图

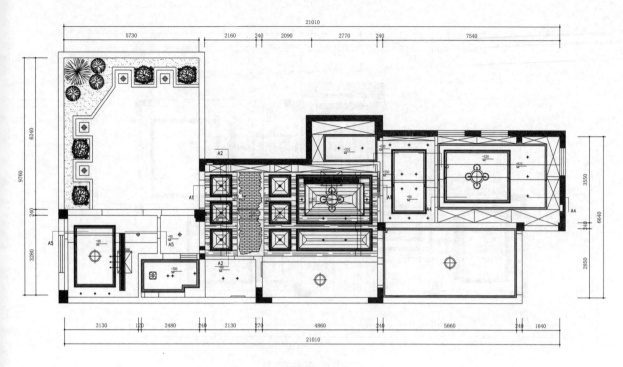

负一层顶面布置图

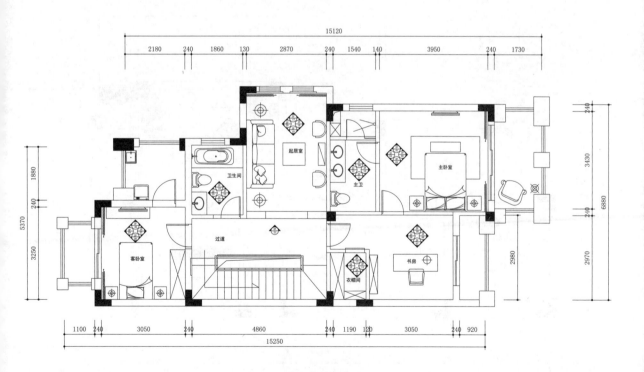

二层平面布置图

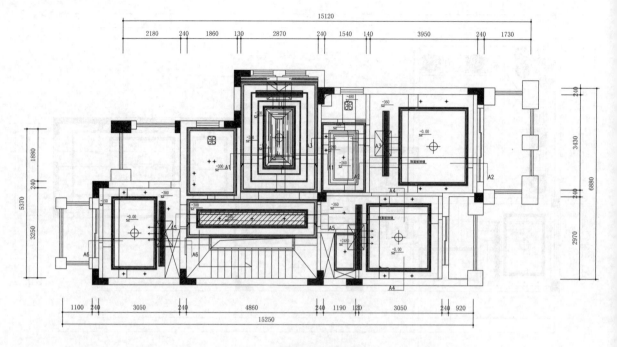

二层顶面布置图

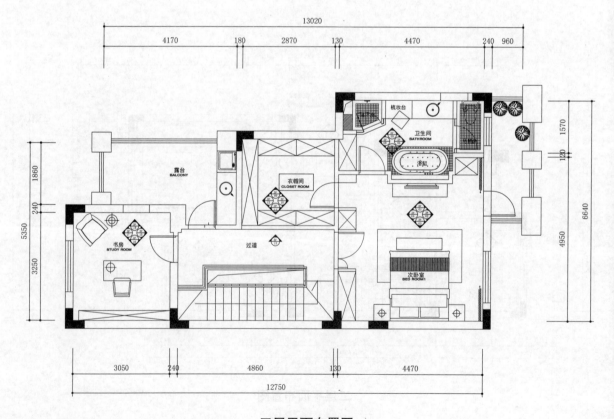

三层平面布置图

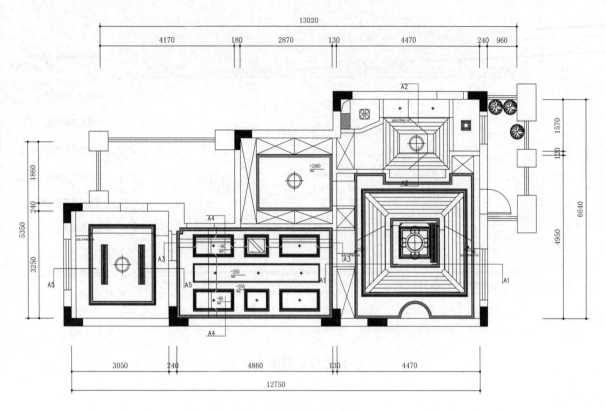

三层顶面布置图

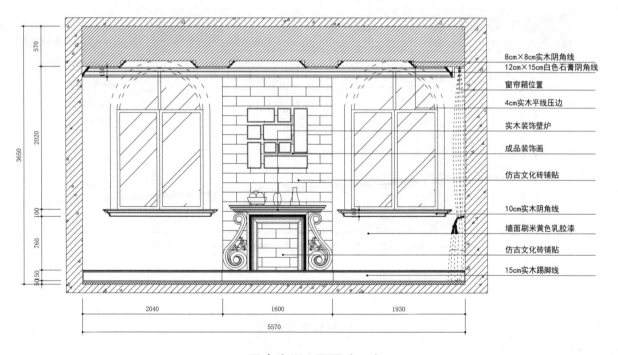

8cm×8cm实木阴角线
12cm×15cm白色石膏阴角线
窗帘箱位置
4cm实木平线压边
实木装饰壁炉
成品装饰画
仿古文化砖铺贴
10cm实木阴角线
墙面刷米黄色乳胶漆
仿古文化砖铺贴
15cm实木踢脚线

一层会客厅立面图（一）

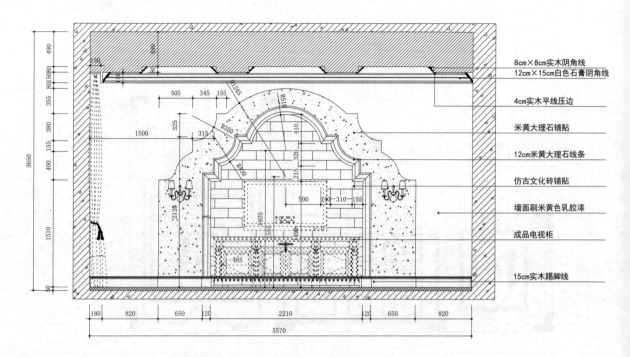

一层会客厅立面图（二）

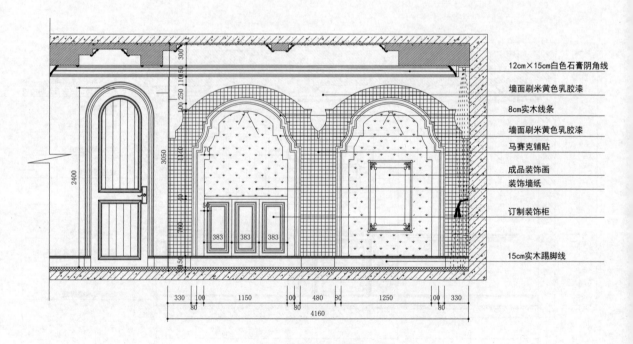

一层餐厅立面图

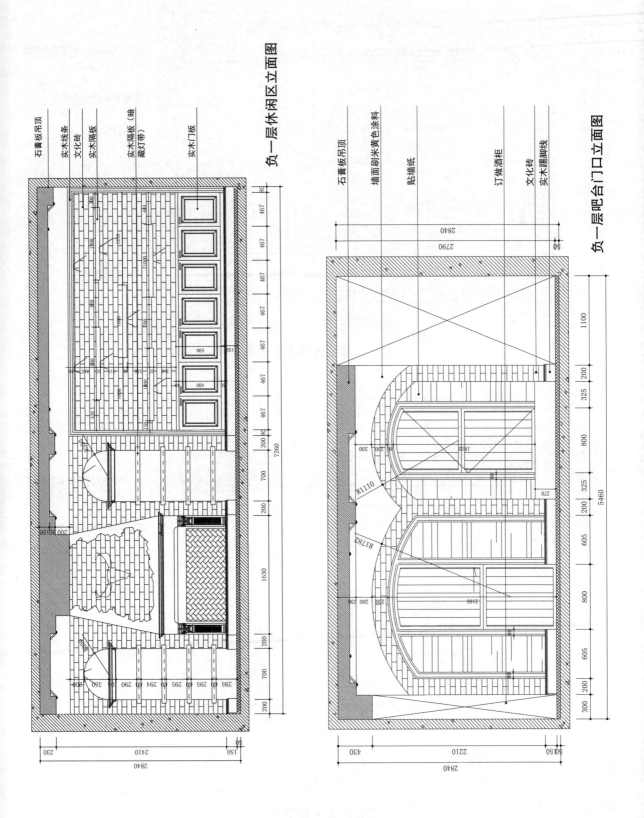

负一层休闲区立面图

石膏板吊顶
实木线条
文化砖
实木隔板
实木隔板（暗藏灯带）
实木门板

负一层吧台门口立面图

石膏板吊顶
墙面刷米黄色涂料
贴墙纸
订做酒柜
文化砖
实木踢脚线

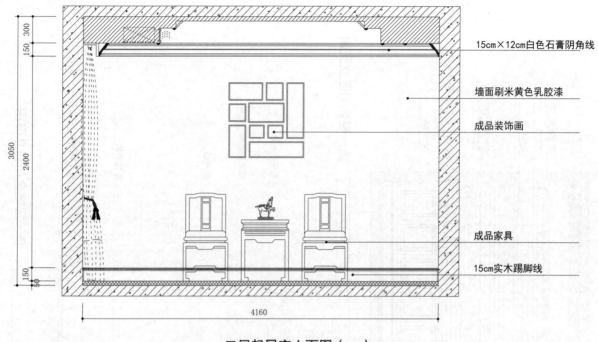

15cm×12cm白色石膏阴角线

墙面刷米黄色乳胶漆

成品装饰画

成品家具

15cm实木踢脚线

二层起居室立面图（一）

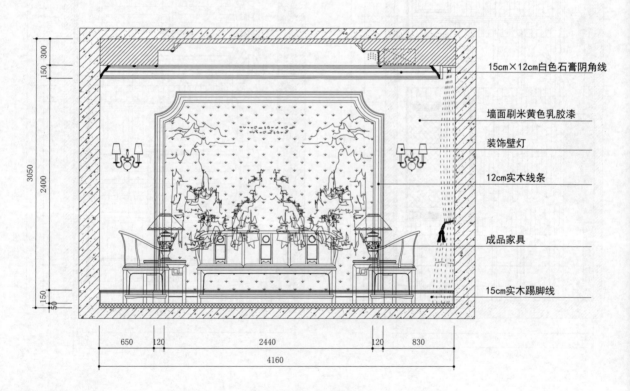

15cm×12cm白色石膏阴角线

墙面刷米黄色乳胶漆

装饰壁灯

12cm实木线条

成品家具

15cm实木踢脚线

二层起居室立面图（二）

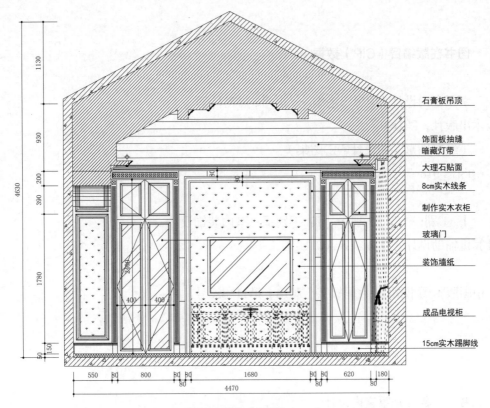

石膏板吊顶

饰面板抽缝
暗藏灯带

大理石贴面

8cm实木线条

制作实木衣柜

玻璃门

装饰墙纸

成品电视柜

15cm实木踢脚线

三层次卧室立面图（一）

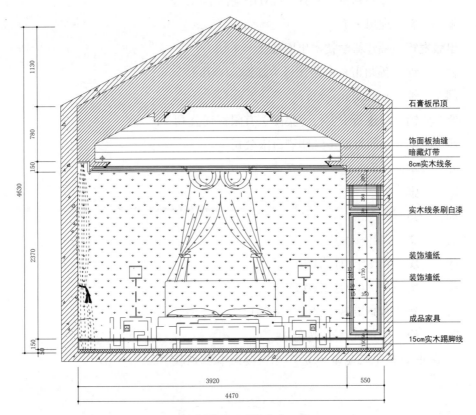

石膏板吊顶

饰面板抽缝
暗藏灯带

8cm实木线条

实木线条刷白漆

装饰墙纸

装饰墙纸

成品家具

15cm实木踢脚线

三层次卧室立面图（二）

图书在版编目（CIP）数据

别墅室内设计 / 理想·宅编. — 福州：福建科学

技术出版社，2018.9

（经典别墅实用设计CAD图集）

ISBN 978-7-5335-4529-1

Ⅰ.①别…　Ⅱ.①理…　Ⅲ.①别墅－室内装饰设计－

计算机辅助设计－图集　Ⅳ.①TU241.1-64

中国版本图书馆CIP数据核字（2018）第111825号

书　　名	别墅室内设计	
	经典别墅实用设计CAD图集	
编　　者	理想·宅	
出版发行	福建科学技术出版社	
社　　址	福州市东水路76号（邮编350001）	
网　　址	www.fjstp.com	
经　　销	福建新华发行（集团）有限责任公司	
印　　刷	福州万紫千红印刷有限公司	
开　　本	787毫米×1092毫米　1/16	
印　　张	9	
插　　页	20	
图　　文	144码	
版　　次	2018年9月第1版	
印　　次	2018年9月第1次印刷	
书　　号	ISBN 978-7-5335-4529-1	
定　　价	49.80元（含光盘）	

书中如有印装质量问题，可直接向本社调换